표준 제빵실기

재단법인 과우학원 著

···머리말

  빵은 이제 우리에게 단순한 기호식품의 차원을 넘어 일상생활에서 자주 접하는 중요한 먹을거리가 되었습니다. 뿐만 아니라 일반 소비자의 빵에 대한 지식 또한 높아져 단순히 소비하는 데서 그치지 않고 빵의 재료와 기능성까지 따져 구매하고, 손수 만들어 먹는 홈 베이킹 인구도 꾸준히 늘어나고 있습니다.

  이에 따라 제과 · 제빵 관련 산업이 발전되고 시장이 확대되어 하나의 전문 직업군으로서의 제과제빵에 대한 관심이 높아지고 있는 가운데 고등학교 및 대학에서 제과제빵을 전공으로 공부하는 학생들도 계속해서 늘어나고 있는 실정입니다.

  제과제빵, 그중에서도 제빵은 상당한 과학적 소양과 충실한 기본기를 필요로 하는 작업입니다. 재료마다의 특성과 과학적 상호작용을 이해하고 정해진 공정에 따라 정확한 조치를 취했을 때만 성공할 수 있습니다. 그러기 위해서는 기본적인 제빵이론 습득은 물론 각 공정이 요구하는 작업에 익숙하게 대처할 수 있어야합니다.

  이 교재는 일선 교육기관에서 제빵에 대한 기초지식을 이해하고 실무에 관련된 교재로, 현장에 종사하는 전문인에게는 참고서로 활용할 수 있도록 최근의 자료와 제빵 트랜드를 충실히 반영하였습니다. 또한, 현장중심적인 기술교육을 목적으로 반드시 준비되어야 할 국가 집업능력표준에 따른 실기 시험품목이 포함되어 집필되었으며, 제품별로 배합표 및 제조공정을 상세하게 서술하고, 이해하기 어려운 공정은 사진으로 설명하여 실습할 수 있도록 하였습니다.

  이러한 의미에서 이번에 발간되는 '제빵실기'는 체계적이고 기본에 충실한 교과서로서의 기능은 물론 제조 현장에서도 바로 응용이 가능하도록 꾸며졌습니다. 이 교재를 통하여 제과 · 제빵 산업분야에 유능한 기술인으로서의 능력을 기르고, 전문적인 지식을 습득하는데 도움이 되며, 훌륭한 제과인의 소중한 교재가 되길 바랍니다.

  이 교재가 발간되기까지 많은 도움과 격려를 해주신 미국소맥협회한국지부 고원방 대표님과 (주)비앤씨월드의 장상원 사장님, 그리고 정보수집과 제품제작에 협조해주신 관련 교육기관 교수님들과 한국제과학교 교직원분들께 깊은 감사와 경의를 표합니다.

저자 씀

제 · 빵 · 실 · 기

contents

제 6 절 데니시 페이스트리

제 7 절 특수빵과 기타

제 1 절 재료와 제조법의 비교

1. 재료의 기능

(1) 밀가루

제빵에 사용되는 소맥분은 주로 강력분을 사용하며 같은 강력분이라도 그 안에 함유되어 있는 단백질의 양과 질은 반죽에 큰 차이를 주며 또한 숙성의 정도에 따라서도 차이가 생긴다. 소맥분 입자의 크기도 반죽에 영향을 준다.

일반적으로 소맥분에 단백질량이 많으면 수분 흡수율이 높으며 반죽에 소요되는 시간도 보다 길게 요구된다. 단백질의 질이 좋을수록 반죽하는 동안에 글루텐 형성이 절정에 도달 하였다가 다시 약화되는 속도가 느리다.

즉, 이러한 소맥분은 반죽의 믹싱 내구력이 좋다고 말하며 이는 제빵에 있어서 대단히 중요 한 성질이 된다. 밀이 제분 된지 오래된 것과 오래되지 않은 것은 반죽에 큰 영향을 미친다.

일반적으로 소맥분은 제분 후 3주 정도 경과된 것이 적당하다고 본다.

숙성이 덜 된 것은 반죽 시에 반죽이 처지는 현상을 보이며 반죽이 끝난 후에도 제빵성 이 나쁘다. 이러한 경우에는 아스코르브산이나 취소산칼륨과 같은 산화제를 사용하는 것이 좋다.

숙성이 너무 지나친 것은 수분 흡수량도 증가되며 동시에 글루텐 형성이 느려져 반죽 시 간을 길게 요한다. 이러한 제품은 반죽 후에도 발효 속도가 빠르고 제품의 부피에도 좋지 못 한 영향을 줌으로 발효의 속도를 늦추기 위하여 설탕 사용량을 약간 증가시키어 발효 속도 를 조절하는 것이 바람직하다.

〈밀가루의 단백질 양이 제품에 미치는 영향〉

외부 특성

	단백질이 많은 밀가루	단백질이 적은 밀가루
부피	크다	작다
껍질 색깔	진하다	엷다
균형	모양이 좋다	모양이 좋다

	거칠게 터지며 적은 찢어짐	터짐과 찢어짐이 적다
터짐과 찢어짐	거칠게 터지며 적은 찢어짐	터짐과 찢어짐이 적다
구운 후 효과	전체적으로 진하다	전체적으로 희다
껍질 특성	거칠다	부드럽다

내부 특성

	단백질이 많은 밀가루	단백질이 적은 밀가루
기공	얇은 세포벽과 좋은 기공	약간 열린 기공과 두꺼운 세포벽
조직	부드럽다	약간 거칠다
속 색깔	희다	크림색
향	강하다	약간 약하다
식감	씹힘이 거칠다	거칠지 않고 씹힘이 좋다
맛	강한 향미	약한 향미

(2) 소금

소금은 글루텐을 경화시키는 성질이 있으므로 반죽시간을 지연시키며 수분 흡수율을 감소시킨다. 소금은 일반적으로 2%를 사용하나 소금의 최저사용량은 1.75%이다.

외부 특성

	정상보다 많을 때	정상보다 적을 때
부피	작다	크다
껍질 색깔	진하다	엷다
균형	모서리가 둥글다	윗면은 납작하고 옆면은 자국이 생기며 모서리는 예리하다
터짐과 찢어짐	터짐이 없고 캡핑(Capping) 현상이 일어 남	거친 터짐과 부드러운 찢어짐
구운 후 효과	진한색이 되면서 흰 반점이 생긴다.	연한색이 된다
껍질 특성	얇고 단단하다	두껍고 부드러우며 바삭바삭하다

내부 특성

	정상보다 많을 때	정상보다 적을 때
기공	작은 세포와 두꺼운 세포벽	크고 열린 기공과 얇은 세포벽
조직	거칠고 단단하다	부드러우면서 거칠다
속 색깔	희다	회색
향	적다	많다
식감	촉촉하며 거칠다	건조한 맛
맛	짜다	부드럽다

(3) 설탕

반죽중의 설탕은 수분의 흡수를 감소하고 반죽시간을 길게 요한다. 당량이 5%씩 증가함에 따라 수분 흡수량은 1%씩 감소된다. 일반적으로 식빵에 사용되는 설탕량은 스트레이트법에서 최저 3%이며 8%를 넘으면 이스트의 작용을 느리게 한다.

외부 특성

	정상보다 많을 때	정상보다 적을 때
부피	작다	작다
껍질 색깔	진하다	엷다
균형	부드럽고 윗면이 납작하고 모서리가 예리하다	윗면과 모서리가 둥그렇다
터짐과 찢어짐	적거나 많은 터짐과 찢어짐이 적다	적은 터짐과 거친 찢어짐
구운 후 효과	전체적으로 진한색이 되며 옆면에 윤기가 있다	전체적으로 엷은 색이 된다
껍질 특성	부드러우며 두껍다	얇으며 바삭바삭하다

내부 특성

	정상보다 많을 때	정상보다 적을 때
기공	조밀한 기공, 둥근 세포와 줄무늬가 생길 수 있으며 새포벽이 두껍다	작은 세포와 두꺼운 세포벽, 또한 세포의 파괴로 구멍이 생길수도 있다
조직	부드러우면서 거친 조직	단단하면서 거친 조직

속 색깔	황갈색	회색
향	발효향이 적다	발효향이 강하다
식감	촉촉해서 씹기가 쉽다	건조하고 단단하다
맛	단맛	단맛이 적다

(4) 유지

유지의 주요 기능은 윤활작용과 영양이며, 최대 부피의 빵을 얻는 양은 4%이다.

빵의 부피는 0%에서 4%까지 증가할수록 커지며 5%를 넘으면 감소현상을 나타낸다. 같은 양의 유지를 사용할 때 고체 지방을 사용할 때가 액체 지방을 사용한 것보다 빵의 부피가 크다.

외부 특성

	정상보다 많을 때	정상보다 적을 때
부피	작다	작다
껍질색깔	여리면서 윤기가 난다	거칠면서 진하다
균형	모서리가 예리하며 윗면이 납작하다	윗면과 모서리가 둥그렇다
터짐과 찢어짐	적은 터짐과 찢어짐	적은 터짐과 거친 찢어짐
구운 후 효과	옆면이 밝다	옆면이 어둡다
껍질 특성	얇고 부드럽다	두껍고 거칠며 부스러진다

내부 특성

	정상보다 많을 때	정상보다 적을 때
기공	여린 기공과 두꺼운 세포벽	열린 기공
조직	부드러우면서 거칠다	단단하면서 거칠다
속 색깔	황갈색	황갈색
향	발효향이 많다	발효향이 적다
식감	촉촉하며 부드럽다	건조하며 거칠다
맛	발효 맛이 증가한다	발효 맛이 적다

(5) 분유

탈지분유는 분유제조 공정 중의 열처리 정도에 따라 차이는 있으나 일반적으로는 탈지분유 1%증가에 따라 수분 흡수율이 0.75%씩 증가된다.

	적량보다 많을 때	적량보다 적을 때
부피	일정한 한도(5%)까지는 부피가 증가하나 이 한도를 넘어서면 감소한다	일정한 한도(5%)보다 적게 사용함에 따라 부피가 감소된다
껍질 색	캐러멜화에 의하여 검다	사용량이 적을수록 희다
	※ 탈지분유 속에는 이스트에 의하여 발효가 되지 않는 유당이 약 51% 정도 함유되어 있다	
외형의 균형	어린반죽의 현상이 생기고 모서리가 예리하고 터지거나 슈레드가 약하다 어린반죽의 현상이 생기고 모서리가 예리하고 터지거나 슈레드가 약하다	지친 반죽의 현상을 나타냄 모서리가 둥글고 거칠게 터지며 슈레드가 생김
		양 옆면과 바닥이 음푹 들어가는 현상이 생김
구운 후 효과	진한 껍질색을 나타낸다	옆면이 엷다
껍질의 특성	껍질의 두께가 두껍고 거칠며 수분이 많다	껍질 두께가 엷고 건조하며 부드럽다
기공	발효시간을 연장하지 않는 한 세포벽이 두껍다 벌집현상의 세포를 구성 한다	발효가 빠르고 가스 발생을 잘 함으로 세포가 약간 열려있다
속색	세포벽이 두꺼움으로 황갈색을 나타냄	대단히 희고 때로는 세포가 심하게 파괴되어 회색빛을 나타낸다
향과 맛	발효향이 적다 우유 맛이 약간 난다 약간의 단맛이 난다	발효향이 강하며 단맛이 적고 신맛이 날 때도 있다
속결	발효시간이 연장되지 않으면 세포벽이 두껍고 약간 거칠다	발효시간이 너무 초과되지 않는 한 대단히 부드럽다
발효 손실	발효시간이 연장되면 손실도 증가한다	발효시간이 연장되면 손실도 증가한다

(6) 물

반죽에 급수량이 많을 때와 적을 때에는 제품에 미치는 영향이 크므로 적절한 급수량 조절이 필요하다.

외부 특성

	정상보다 많을 때	정상보다 적을 때
부피	작다	작다
껍질 색깔	밝다	어둡다
균형	모서리가 예리하고 윗면이 평평하다	모서리가 둥글고 봉한 부분이 벌어진다
터짐과 찢어짐	단백질이 적은 것은 터짐이 없고 단백질이 많은 것은 적당한 찢어짐과 터짐이 생긴다	거친 터짐과 찢어짐
구운 후 효과	바닥과 옆면의 색깔이 여리다	바닥과 옆면의 색깔이 진하다
껍질 특성	얇고 부드럽다	두껍고 거칠다

내부 특성

	정상보다 많을 때	정상보다 적을 때
기공	열려있고 불규칙하다	두꺼운 세포벽과 조밀한 기공
조직	습기가 있고 부드럽다	거칠고 부스러진다
속 색깔	진한 회색	황갈색
향	약하다	강하다
식감	찐득찐득하다	건조하다
맛	약하다	진하다

(7) 이스트 푸드 사용의 영향

1) 흡수율

이스트 푸드는 흡수력에 큰 영향을 주지 않는다.

2) 반죽 기간

이스트 푸드는 믹싱에 아무런 영향력이 없다.

3) 발효

이스트 푸드는 발효시간을 단축하고 반죽을 조절하는데 사용한다.

4) 부피

① 이스트 푸드를 사용한 반죽으로 만든 식빵은 이스트 푸드를 사용하지 않은 반죽으로 만든 식빵보다는 부피가 커진다.

② 이스트 푸드를 사용하지 않고 그 대신 고속으로 배합한 반죽은 저속으로 배합하고 0.5% 이스트 푸드를 사용한 반죽으로 만든 식빵과 그 부피에 있어서는 실질적으로 같다.

③ 다소 지친 반죽으로 만든 식빵은 부피에 있어서 증가현상을 나타낸다.

④ 고속 믹싱에 0.5%의 이스트 푸드를 사용한 반죽으로 만든 식빵은 발효시간을 30분 정도 추가하여 연장시키면 부피에 있어서는 최대가 된다.

⑤ 저속 믹싱에 이스트 푸드를 사용하지 않은 반죽으로 만든 식빵, 즉 약간 어린 반죽으로 만든 식빵은 부피가 제일 작다.

5) 표피의 특성

이스트 푸드는 만약 반죽이 완전한 발효가 되었다면 껍질의 특성에는 별 영향을 주지 않는다.

6) 기공과 속결

이스트 푸드를 사용하지 않은 반죽으로 만든 식빵의 기공과 속결은 발효시간을 더 연장함으로서 향상시킬 수 있다.

7) 속색

① 이스트 푸드를 사용치 않은 반죽으로 만든 제품의 반죽은 발효시간을 조금 더 연장함으로 속색을 향상 시킬 수 있다.

② 가장 좋은 속색은 고속믹싱에 이스트 푸드를 사용했을 경우에 얻을 수 있다.

8) 향과 맛

이스트 푸드를 사용하지 않은 반죽으로부터 만든 제품은(발효시간을 연장했을 경우) 이스트 푸드를 사용한 반죽으로 만든 식빵보다 더 발효된 맛과 향을 갖는다.

9) 껍질 색

이스트 푸드를 사용한 반죽으로 만든 식빵은 이스트 푸드를 사용하지 않는 반죽으로 만든 식빵보다 어두운 껍질색이 된다.

10) 일반적인 영향

① 반죽할 물에 이스트 푸드를 용해해서 사용하면 좀 더 좋은 효과를 가져 올 수 있다.

② 이스트 푸드의 사용량은 물의 종류(연수, 경수, 정도)와 밀가루의 질과 종류 그리고 공장 조건에 따라 달리한다.

③ 이스트 푸드는 발효시간을 단축하여 발효손실이 적어진다.

④ 고속배합은 물 흡수력을 증가시키며 수율을 높이는 결과를 가져온다.

⑤ 이스트 푸드를 사용한 반죽은 모든 특성에 있어서 사용하지 않은 것보다 좋은 결과를 가져온다.

(8) 제빵개량제

일반적으로 빵의 품질을 개선시키는 재료를 말한다.

제빵개량제를 사용하는 목적은 제품의 부피와 조직을 개선하며, 제품의 수명연장, 반죽의 글루텐 강화, 껍질색 개선, 식감 개선, 반죽의 안정성 등을 얻을 수 있는 재료이다.

1) 제빵개량제의 성분 및 역할

① 탄산 칼슘, 마그네슘, 유산 칼슘

연수를 아경수로 변환시켜 밀가루 글루텐의 연화를 방지함으로서 글루텐 숙성을 강화시키는 기능을 가지고 있으며 반죽의 가스보유력 능력을 증가시킨다.

② 염화 암모늄염, 유산 암모늄

이스트의 성장과 작용을 활성화시켜 발효가 촉진되고 부피가 증가한다. 이스트의 성분으로 이용된다.

③ 요드산 칼륨, 비타민C, 브롬산 칼륨

글루텐 단백질을 S-S 결합으로 만들어 글루텐을 강화시키며, 기공과 조직을 개선하고 부피를 증가시킨다.

④ L-시스테인, 글루타티온

반죽의 글루텐 탄력성을 감소시키고 신전성을 증가시켜 반죽이 부드러우며 믹싱 시간 및 발효시간을 단축시킨다.

⑤ 아밀라아제

전분을 덱스트린, 맥아당으로 분해시켜 발효당을 생성함으로서 지속적으로 발효를 촉진시킨다.

⑥ 유화제

SSL, 모노-디-글리세리드, 스테아린젖산나트륨, 레시틴 등이 있으며 반죽을 물리적으로 향상시키고, 제품의 노화를 지연시켜 신선도를 오래 유지하며 제품의 기공과 조직을 개선시킨다.

⑦ 발효 촉진제

포도당, 자당. 말토 덱스트린 : 껍질 색을 개선하고 가스생성을 촉진시켜 발효시간을 단축시킨다.

⑧ 주석산, 젖산, 초산

반죽의 pH를 조절하며, 향미를 강화시키고 발효시간을 단축시킨다.

2. 제조법의 비교

(1) 직접법 또는 스트레이트 법 (Straight Dough Method)

본 방법은 모든 재료를 한 번에 반죽하는 1단계 방법이며 제품에 풍미를 주는 제법으로 일반 대규모 제빵회사보다 소규모 제과점에서 많이 사용하고 있는 방법 중의 하나이다.

〈배합표〉

재료명	비율(%)
강력분	100
물	55~65
이스트	2~3
이스트 푸드	0~0.75
소금	1.75~2.25
설탕	2~10
유지	2~5
탈지분유	0~2

〈기본 제조공정〉

1) 믹싱 (Mixing)

① 이스트는 일정 온도(30℃ 이하)의 소량의 물에 녹여 사용한다.

② 나머지 물에 소금, 설탕, 제빵개량제, 탈지분유를 녹인다.

③ 밀가루는 체로 쳐서 ①과 ②에 섞고 약 4~5분 정도 믹싱한 다음 유지를 넣는다.

④ 반죽은 최종단계, 즉 반죽을 늘려서 얇은 피막이 형성될 때에 끝낸다 (믹서가 좋은 경우에는 이스트 등을 물에 풀어서 사용할 필요는 없다).

2) 1차발효 (Fermentation)

발효실의 온도는 27℃, 습도는 75~80%, 시간은 약 80~90분 정도 발효를 시키며, 발효점을 찾는 방법으로는 다음과 같은 요령이 있다.

① 처음 반죽의 3~ 3.5배 정도 부풀었을 때

② 발효된 반죽을 눌렀을 때 약간 오므라드는 상태

③ 섬유질 상태 등으로 발효점을 찾는다. 단, 밀가루의 질에 따라 발효된 반죽의 체적은 약간 달라진다.

3) 분할 (Dividing)

사용할 팬의 크기와 모양에 의해서 분할을 하는데 둥근형 식빵과 풀만식빵에 따라 분할량이 다르다.

분할은 비용적(比容積)에 맞추어 분할한다.

– 둥근형 식빵(Round Top Bread) : 3.2~ 3.4㎤/g

– 풀만식빵(Pullman Bread) : 3.4~4.0㎤/g

4) 둥글리기 (Rounding)

분할된 반죽을 단단하고 둥그렇게 만드는 공정으로 반죽의 아래쪽으로 힘을 주면서 둥그렇게 돌린다.

이때 너무 무리한 힘을 주거나 너무 많이 둥글릴 경우에는 반죽이 터지는 경우가 발생하므로 주의해야 된다.

5) 중간발효 (Intermediate Proof, Over head proof)

중간발효는 온도 : 27~29℃, 습도 : 70~75%에서 약 10~20분 정도 발효를 시키는 공정으로 중간발효를 시킴으로 인해서

① 글루텐을 재 정돈시키고

② 긴장된 반죽을 완화시키고

③ 정형하기 용이하게 만드는 효과를 얻는다.

이때 반죽에 표피가 형성되므로 마르지 않도록 주의해야 한다.

6) 정형 (Moulding)

중간발효가 끝난 반죽은 밀대를 사용하여 가스를 고르게 뺀 다음 만들고자 하는 제품의 형태로 만든다. 정형의 중요 과정은 ① 밀기 ② 말기 ③ 봉하기 이다.

7) 팬닝 (Panning)

정형을 잘 했더라도 팬닝을 잘못하면 제품의 모양이 나빠지므로 팬닝은 다음과 같은 조건하에서 이루어져야 한다.

① 반죽의 이음매가 팬의 바닥 쪽으로 향할 것

② 팬의 온도가 적절할 것 (최적온도 : 32℃).

③ 팬 오일은 발연점이 높은 것을 사용

④ 과다한 팬 오일(Pan oil) 사용은 피할 것 등이다.

8) 2차발효 (Proof)

2차 발효를 지배하는 주요 요인은 온도·습도·시간이다.

2차 발효실의 온도는 35℃~45℃, 습도는 85~95% 이다. 데니시페이스트리나 하드 롤 같은 특수한 경우에는 유지가 녹는 것을 막기 위하여 또는 오븐 스프링을 좋게 하기 위하여 저온을 사용한다.

2차 발효시간은 이스트 사용량, 반죽의 온도, 2차 발효실의 온도, 반죽의 흡수율, 정형시 가스빼기의 정도, 반죽의 크기에 따라 차이는 있으나 35~60분 정도면 된다.

9) 굽기 (Baking)

굽는 과정은 제빵에서 실제로 최종적이고 가장 중요한 단계이다. 일반적으로 적은 양의 반죽은 높은 온도에서 짧은 시간에 구우며, 반죽양이 큰 식빵과 같은 제품은 저온에서 긴 시간에 굽는다.

보통 500g의 반죽은 190℃~200℃에서 약 25~30분 정도 구우면 된다.

10) 냉각 및 포장 (Cooling and Packaging)

굽기가 끝난 제품은 외부온도가 약 130℃이며 내부온도는 약 100℃로서 수분함량이 약 42% 정도이다. 너무 높은 온도에서 포장되면 수분이 응축되어 곰팡이가 쉽게 발생하며, 수분의 손실이 너무 많으면 빵의 노화가 빠르게 된다.

그러므로 수분함량이 약 38%, 온도 35℃ 정도의 제품을 포장하면 적당하다.

※ 펀치 (Punch)

펀치는 스트레이트법(직접법)에서 1차 발효 중에 행하는데

* 펀치 점은

① 처음 반죽의 2.5~ 3배 정도 부풀었을 때

② 1차 발효의 ⅔정도 도달했을 때이다.

* 펀치의 목적은

① 반죽의 전체온도를 균일하게 하고

② 산소공급으로 이스트를 활성화 시키며

③ 발효속도를 증가시키는데 있다.

〈스트레이트법(직접법)의 장점과 단점〉

장점	1) 공정시간, 노동력, 전력, 기계 및 작업실의 감소 2) 발효 손실의 감소 3) 흡수율이 좋다.
단점	1) 발효 포용력이 없다. 2) 반죽을 잘못했을 경우 해결 방법이 없다. 3) 노화가 빠르다.

(2) 스펀지법 또는 중종법 (Sponge & Dough Method)

스펀지법은 장시간 발효로 밀가루의 수화가 잘되고 스트레이트법보다는 반죽의 피막이 얇게 되며 가스 보유력이 크므로 체적이 큰 제품을 얻을 수 있고 빵 속의 촉감은 부드러운 반면에 빵의 풍미는 적은 편이다.

스펀지법은 발효 공정상 직접법보다 실패율이 적고 작업면적이 커야 되므로 소규모 제과점 보다 대규모 제빵회사에서 많이 사용하고 있다.

또한 밀가루의 질이 좋을수록 스펀지에 밀가루 양을 증가시켜 사용한다.

1) 식빵 배합표

재료명	스펀지 비율(%)	본반죽 비율(%)
밀가루	55~100	0~45
이스트	2~3	–
이스트 푸드	0~0.75	–
물	*55~60	55~65
소금	–	1.75~2.25
설탕	–	2~10
쇼트닝	–	2~5
탈지분유	–	0~2

* 스펀지의 물량은 스펀지 밀가루에 대한 물량이며 반죽의 물량은 배합 전체의 물량이다.
  즉, 반죽 배합에 사용할 물량은 전체 물량 중에서 스펀지에서 사용한 물량을 뺀 나머지 물량만 사용한다.

2) 제조공정

① 스펀지 믹싱(Sponge Mixing)

스펀지 믹싱은 저속 2분, 고속 2~3분 정도가 적당하고 반죽 온도는 24℃ 정도, 물 사용량은 밀가루를 기준으로 하여 약 55% 정도가 적절하다.

또한 장시간 발효를 하므로 직접법 반죽 보다 되게 믹싱한다.

② 스펀지 발효 (Fermentation)

스펀지 발효는 발효실 온도가 27℃, 습도가 75~80%에서 시간은 3시간 30분~4시간 30분 정도 발효를 시킨다. 발효실 온도는 발효에 큰 영향을 주므로 발효실의 온도는 ±1℃로 관리되어야 하며 습도관리 또한 중요하다. 너무 습할 때는 발효손실이 커지며, 너무 건조하면 스펀지 윗면이 말라 제품을 나쁘게 하므로 특별한 주의가 필요하다.

※ 스펀지의 발효점을 찾는 방법

㉮ 처음부피의 4~5배 정도 부피가 증가 되었을 때

④ 반죽이 최대로 팽창하여 얼마동안 유지 하다가 수축되었을 때

⑤ 반죽 표면의 변화가 다음과 같을 때

  ㉠ 표면이 건조한 상태

  ㉡ 표면에 바늘구멍 같은 구멍이 생길 때

⑥ 발효시간 (발효조건이 표준일 때) 상승온도(0.8~1.2℃/시간)를 감안한다.

③ 본반죽 믹싱(Dough Mixing)

믹싱 반죽의 온도는 27℃를 기준으로 한다.

반죽 믹싱에 소요되는 시간은 소맥분의 강도, 흡수율 및 스펀지 반죽의 온도에 따라 차이는 있으나 반죽기의 회전속도가 80 R.P.M. 정도의 반죽기로 약 8~12분 정도면 된다.

반죽 믹싱 시 재료 투입 순서는

  ㉮ 스펀지 반죽에 건조재료 투입

  ㉯ 물 및 액체재료 투입

  ㉰ 쇼트닝 투입

  ㉱ 소금 투입 등으로 진행된다.

④ 플로어 타임(Floor Time)

플로어 타임은 반죽 믹싱 시 파괴된 글루텐 층을 다시 재결합시키는 시간을 말한다. 믹싱하는 동안에 반죽이 약간 느슨해졌던 것이 이때 다시 팽팽하게 된다.

반죽을 늘려 봤을 때 얇고 맑은 피막을 형성하게 되면, 이 때를 플로어 타임이 끝나는 시점으로 본다. 플로어 타임은 스펀지에 사용한 밀가루에 따라 달라지지만 약 20~45분 정도이다.

⑤ 분할 (Dividing)

이후의 공정순서는 스트레이트법(직접법)과 같다.

〈스펀지법(중종법)의 장점과 단점〉

장점	단점
1. 발효 내구력이 좋다.	1. 장시간 소요
2. 부피 증가	2. 기계설비의 증가

3. 저장성 증가	3. 인력 증가
4. 발효향 증가	4. 발효손실 증가

(3) 액체 발효법 (Liquid Fermentation)

　액체 발효법은 본래 미국 분유연구소 A.D.M.I(American Dry Milk Institute)에서 처음 개발한 것으로 스펀지법에서 스펀지 발효에 미치는 여러 가지 결함을 제거하기 위하여 스펀지 대신에 액종을 만들어 사용한 것이다.

　이 방법은 이스트, 설탕, 물 등을 섞어서 부드러운 발효 액체를 만든 다음 나머지 소맥분, 유지, 소금, 물 등을 넣고 반죽하는 방법으로 제품의 맛과 향이 우수하다.

　밀가루는 장시간 발효를 시키지 않으므로 발효 내구력이 적은 밀가루에 권장되는 방법 중의 하나이다.

1) 식빵

〈배합표〉

	재료명	배합 1(%)	배합 2(%)	배합 3(%)
액종	물	65	32	32
	이스트	2	2	2
	이스트 푸드	0.1	0.1	0.1
	맥아	0.4	0.4	0.3
	설탕	2	2	2
	소금	1	1	0.5
	탈지분유	4	4	2
	탄산칼슘	–	–	0.03
반죽	밀가루	100	100	100
	설탕	2	2	4
	소금	1	1	1.5
	쇼트닝	4	4	4
	이스트	0.5	–	–
	물	–	32	32

	항목	배합 1	배합 2	배합 3
액종	액종 온도	28~32℃	28~41℃	28~36℃
	액종 발효시간	4~6시간	4~6시간	4~6시간
	발효 후 온도	30~33℃	30~38℃	30~38℃
	냉각온도	9~15℃	10~14℃	10~14℃
	액종 보유시간	0~40시간	0~40시간	0~6시간
반죽	반죽온도	28~30℃	28~30℃	28~30℃
	플로어 타임	20~25분	20~25분	20~25분
	중간발효	15~18분	15~17분	15~17분
	2차 발효온도	34~36℃	34~36℃	34~36℃
	2차 발효시간	40~45분	40~45분	40~45분
	굽기온도	200~210℃	200~210℃	200~210℃
	굽기시간	35~40분	35~40분	35~40분

2) 단과자빵

〈배합표 및 공정〉

	재료명	비율(%)	공　정
액종 배합	탈지분유 또는 대두분	3	① 모든 재료를 혼합하여 　액종을 만든다. ② 액종 온도 : 27℃ 　pH : 6.0 ③ 발효 후 온도 : 30~31℃ 　pH : 5.0~5.1
	소금	0.4	
	밀가루	5	
	이스트	4	
	탄산칼슘	0.02	
	염화암모늄	0.1	
	맥아(분)	0.2	
	실리콘 오일	0.3	
	유화제	0.5	
	물	25	
	설탕	5	

반죽 배합	재료	비율	공정
	밀가루	95	① 반죽시간 : 저속 2분, 중속 7~8분
	달걀	10	② 반죽온도 : 30℃
	쇼트닝	5	③ 플로어 타임 : 20~25분
	설탕	30	④ 중간발효 : 15분
	산화제	15 ppm	⑤ 2차발효 : 35℃에서 30분 정도
	물	15	⑥ 굽기온도 : 210~230℃

3) 중력분을 사용한 식빵

〈배합표 및 공정〉

	재료명	비율(%)	공 정
액종 배합	중력분	3	① 모든 재료를 혼합하여 액종으로 만든다.
	물	28	② 액종발효 : 온도 27℃
	이스트	2	습도 80%
	포도당	2	③ 반죽 믹싱 15분전에 1%의 이스트
	황산칼슘	0.1	추가 투입
	황산암모늄	0.1	④ 반죽 믹싱 5분전에 0.5%의 포도당
	탄산칼슘	0.6	추가 투입
반죽 배합	중력분	97	① 반죽시간: 저속=2분, 고속=6~7분
	물	27	② 반죽온도: 30℃
	이스트 푸드	0.1	③ 플로어 타임: 30~40분
	소금	2	④ 이후의 제조공정은 일반 식빵과 동일
	설탕	5	
	쇼트닝	5	

※ 참고

　액종 혼합물을 30℃에서 약 2.5~3시간 발효시키며, 여기에 탈지분유를 사용하는 목적은 이스트와 설탕이 발효 때의 생성물인 알코올과 이산화탄소가스 외에 젖산, 초산 등 유기산이 생성 되므로 pH가 떨어지는데 이를 안정시키는 목적으로 완충제 작용을 하기 위하여 탈지분유가 사용되며 또한 염이나 이스트 푸드로서 이를 강화시킨다. 또한 반죽 조절제로서 유산칼슘, 인산칼슘 등과 산화제인 취소산칼륨, 비타민 C 등이 사용되며, 강력분으로 제조할 때에는 반죽시간 단축을 위하여 프로테아제가 사용된다.

반죽시간은 스펀지법의 믹싱 보다 20~30% 정도 길게 하는 것이 좋다.

설탕 사용량을 3% 이하로 사용하면 빵의 향이 적게 되므로 4% 이상 사용하는 것이 바람직하다. 완충제로서는 탈지분유, 대두분, 탄산칼슘 등이 사용되나 탈지분유가 가장 적합하다고 본다.

이스트 푸드는 질소 공급원인 염화암모늄과 그 외에 탄산칼슘이 함유된 것을 사용하면 좋다.

액체 발효법에서 완충제로 탈지분유를 사용한 것을 'A.D.M.I법'이라고 하며, 탈지분유를 완충제로 사용할 때 생기는 빵의 향 문제를 해결하기 위하여 탈산칼슘, 인산염, 유산염 등을 완충제로 개발한 것이 '프레시만 법'이라고 한다.

(4) 비상 반죽법 (Emergency Dough Method)

비상 반죽법은 정상적인 제빵법보다 짧은 시간 내에 빵을 제조할 수 있으며 제조시간을 단축하기 위하여 발효에 지장을 주는 여러 요소를 제거하면서 발효를 촉진시키는 요인을 증가시키는 법을 말한다.

〈비상 반죽법을 사용하는 이유〉
① 작업상의 마지막 단계
② 기계의 고장
③ 반죽 실패의 경우
④ 주문이 늦은 경우 등에 사용하므로 신속하게 제품을 생산할 수 있는데 있다.

1) 일반 스트레이트법을 비상 스트레이트법으로 바꿀 때에는 다음과 같은 조치를 취하여야 한다.
① 필수적인 조치
㉮ 가수량을 1% 증가시켜 반죽의 되기를 조절한다.
㉯ 이스트를 50%까지 증가시켜 사용한다.
㉰ 설탕량을 1% 감소시켜 사용한다.

  ㉘ 반죽온도를 30℃로 높인다.

  ㉙ 믹싱시간을 20%~25%로 증가시킨다.

  ㉚ 1차 발효시간을 최저 15분으로 한다.

 ② 선택적인 조치

  ㉮ 소금량을 1.75%까지 감소시켜 사용한다.

  ㉯ 탈지분유 사용량을 1% 감소시킨다.

  ㉰ 이스트 푸드 사용량을 0.5~0.75%까지 증가시킨다.

  ㉱ 식초나 젖산을 0.25~0.75% 정도 사용한다.

〈배합표〉

	일반 스트레이트 법	비상 스트레이트 법
밀가루	100%	100%
물	63%	* 64%
이스트	3%	* 4.5%
제빵개량제	0.1%	0.5%
소금	2%	1.75%
설탕	8%	* 7%
탈지분유	3%	3%
쇼트닝	5%	5%
믹싱시간	18분	* 22분
반죽온도	27℃	* 30℃
1차 발효시간	90분	* 최저 15분

* 표는 필수적 조치임

2) 일반 스펀지법을 비상 스펀지법으로 바꿀 때에는 다음과 같은 조치를 취하여야 한다.

 ① 필수적인 조치

  ㉮ 스펀지에 80%의 밀가루를 사용한다.

  ㉯ 전체 물 사용량을 스펀지에 사용한다.

  ㉰ 전체 물 사용량을 1% 증가시킨다.

  ㉣ 이스트 사용량을 50%까지 증가시켜 사용한다.

  ㉤ 스펀지의 반죽온도를 30℃로 한다.(스펀지 믹싱은 50% 증가)

  ㉥ 스펀지 발효시간은 최저 30분 정도 시킨다.

  ㉦ 믹싱 시간을 정상보다 20~25% 증가시킨다.

  ㉧ 플로어 타임을 최소 10분으로 한다.

  ㉨ 설탕을 1% 감소시킨다.

② 선택적인 조치

  ㉮ 소금 사용량을 1.75%까지 감소시켜 사용한다.

  ㉯ 탈지분유 사용량을 1% 감소시킨다.

  ㉰ 제빵개량제 사용량을 0.5~0.75%까지 증가시킨다.

  ㉱ 식초나 젖산을 0.25~1% 사용한다.

〈배합표〉

		일반 스펀지법	비상 스펀지법
스펀지	밀가루	70	* 80
	물	55(스펀지 밀가루의)	* 64
	이스트	3	* 4.5
	제빵개량제	0.1	0.5
반죽	밀가루	30	* 20
	물	63(전체 물)	–
	설탕	8	* 7
	쇼트닝	5	5
	탈지분유	3	2
	소금	2	1.75
공정	스펀지 온도	24℃	* 30℃
	스펀지 발효시간	4시간	* 최소 30분
	플로어 타임	30분	* 최소 10분
	2차 발효시간	정상	약간 짧게

* 표는 필수적 조치

3) 일반 스트레이트법을 비상 스펀지법으로 변경시킬 때 다음과 같은 조치를 취하여야 한다.

① 필수적인 조치

㉮ 스펀지에 80%의 밀가루를 사용한다.

㉯ 전체 물 사용량을 스펀지에 사용한다.(물 사용량은 변화가 없다)

㉰ 스펀지의 온도를 30℃로 한다.

㉱ 스펀지의 발효시간을 30분 이상으로 한다.

㉲ 이스트 사용량을 1.5배로 증가시켜 사용한다.

㉳ 믹싱시간을 20%~25% 연장한다.

㉴ 설탕은 1% 감소하여 사용한다.

② 선택적인 조치

㉮ 소금 사용량을 1.75%까지 감소시킨다.

㉯ 탈지분유 사용량을 감소시킨다.

㉰ 제빵개량제 사용량을 0.5~0.75%까지 증가시킨다.

㉱ 식초나 젖산을 0.25~1% 사용한다.

〈배합표〉

일반 스트레이트 법			비상 스펀지법		
밀가루	100%	스펀지	밀가루	* 80%
물	63%		물	* 63%
이스트	3%		이스트	* 4.5%
제빵개량제	0.1%		제빵개량제	0.5%
설탕	8%	반죽	밀가루	* 20%
소금	2%		설탕	* 7%
쇼트닝	5%		탈지분유	2%
탈지분유	3%		쇼트닝	5%
–	–		소금	1.75%

4) 일반 스펀지법을 비상 스트레이트법으로 바꿀 때에는 다음과 같은 조치를 취하여야 한다.

① 필수적인 조치

㉠ 밀가루는 100% 스펀지에 사용한다.

㉡ 이스트의 사용량을 1.5배까지 증가시켜 사용한다.

㉢ 물은 1~2% 증가시킨다.

㉣ 반죽의 온도를 30℃로 맞춘다.

㉤ 1차발효 시간을 최소 15분 이상 시킨다.

㉥ 믹싱시간을 정상보다 20~25% 연장시킨다.

② 선택적인 조치

㉠ 소금 사용량을 1.75%까지 줄인다.

㉡ 탈지분유 사용량을 감소시킨다.

㉢ 제빵개량제 사용량을 0.5~0.75%로 증가시켜 사용한다.

〈배합표〉

		일반스펀지 법		비상스트레이트 법	
스펀지	밀가루	80%	밀가루	*100%
	물	55%	물	*64~65%
	이스트	3%	이스트	*4.5%
	제빵개량제	1%	제빵개량제	1%
반죽	밀가루	20%	설탕	8%
	물	63%	쇼트닝	5%
	설탕	8%	소금	1.75%
	소금	2%	탈지분유	2%
	탈지분유	3%	-	-
	쇼트닝	5%	-	-

이상의 일반 제빵법을 비상 제빵법으로 변경하는데 있어서 필수적인 조치는 필히 취하여야 하며 선택적인 조치는 임의로 취하여도 된다.

(5) 연속식 제빵법 (Continuous Mix System)

우리나라의 제빵산업은 근래 1세기 동안에 제빵기계의 개발과 더불어 많은 발전을 가져왔다. 1920년대에 고성능 믹서가 소개 되었고 '콘베어(Conveyer)를 이용한 프루퍼(Proofer)와 여러 형태의 몰더(moulder)'가 개량되고, 또한 기능이 다양한 '슬라이서'와 포장기 등 여러 가지 기계가 발전됨에 따라 계속적인 작업을 하나의 제조 라인을 통하여 생산하게 되었다.

1950년대까지는 연속작업 일지라도 한 배치(Batch)씩 반죽을 하고 다시 1회분씩 반죽을 발효시켜야 했다. 그러나 꾸준한 노력으로 이들 한 배치씩의 작업이 아닌 믹싱과 발효를 계속적으로 하도록 되었다.

즉, 1940년대부터 반죽에 혁명을 일으켰다. 1950년대에 Dr. John. C는 연속식 제빵기를 고안하였고 같은 해에 'Quality Bakes of America'는 'Domakes Process'를 상업적으로 이용하였으며, 얼마 지나서 American Machine and Faundary Company에 의하여 'A.M.F.L.O.W'가 소개되었다. 이러한 연속식 제빵기계가 제조 공장에서 사용된 후 수년 사이에 미국에서는 전체 빵 생산량의 43%에 달하는 제품이 연속식 제빵법에 의하여 제조 되었다.

〈연속식 제빵 시스템의 장점〉

① 고성능 기계로 원료의 계량에서부터 반죽의 프루핑까지 자동 연속식으로 된다.

② 일반 성형 기구가 필요 없다.

③ 일반 생산 제빵라인에 비하여 아주 적은 인력만이 필요하다.

④ 시간당 3000kg의 빵을 제조하는데 필요한 공장의 면적은 단지 약 720㎡만 있으면 된다.

1) 연속식 도- 메이커(Do-maker) 법의 공정 과정

① 브로스 (Broth)

〈배합표〉

재료명	비율(%)
밀가루	5~70
물	63

탈지분유	2
제빵개량제	미량
인산칼슘	0.3
비타민 C	미량
이스트	3.2

위의 재료를 브로스(Broth) 탱크에 넣고 온도 30℃에서 약2~ 2시간 30분 정도 액종 발효를 시킨다.

② 저장 탱크
발효된 액종을 저장 탱크에 저장시킨다.

③ 열 교환기 (Heat Exchanger)
저장 탱크에 저장된 액종은 열교환기(30℃)를 통과시킨다.

④ 예비 혼합기 (Premixer or Incorporator)
열교환기를 통한 액종은 예비탱크에 들어가며 또한 나머지 밀가루 30~95%가 예비 혼합기에 들어간다.

제빵 부재료는 브로스 탱크에서 사용되었으므로 나머지 쇼트닝 3.6%는 용해되어 액체상태로 공급된다. 산화제인 취소산칼륨이나 옥소산칼륨은 별도로 물에 용해하여 공급하고 예비 혼합기에서는 각 재료를 균일하게 혼합한다.

⑤ 디벨로퍼 (Developer)
예비 혼합기에서 균질상태로 배합된 것은 디벨로퍼에 들어가 3~4 기압 조건에서 고속회전에 의하여 글루텐 결합이 형성된다. 이 반죽은 직접적으로 배출기를 통하여 분할, 팬닝된다.

2) 브로스(Broth) 중의 소맥분

브로스에 사용하는 밀가루 양에 대해서는 여러 가지 의견이 대두 되었으나 일반적인 사용량의 범위는 5~70%이다.

브로스에 밀가루를 적게 사용하면 제품의 방향이 재래식 방법으로 제조한 것보다 떨어지며 내상의 세포벽이 너무 얇고 식욕감이 뒤떨어지므로 최근에는 50~60%의 밀가루를 브로스에 사용하여 이러한 문제들을 해결하고 있다. 브로스(Broth)에 사용하는 밀가루의 양을 증가시킴에 따라 나타나는 현상은 다음과 같다.

① 좋은 물리적 성질
    ㉮ 부드러운 스펀지의 감을 주며
    ㉯ 빵 껍질의 양 끝이 튼튼하고
    ㉰ 슬라이스 하기가 쉽다.

② 부피의 증가
브로스 소맥분의 증가는 부피를 증가시키며, 빵의 형태를 좋게 만들 때 편리하다.

③ 내구성
브로스 밀가루의 증가는 내구성을 높인다.

④ 적은 양의 산화제 사용

⑤ 반죽 발전에 요구되는 에너지의 절감
브로스 밀가루의 사용량 증가는 화학적으로 많은 변화를 주므로 디벨로퍼에서의 반죽 발전에 적은 기계적 에너지를 요한다.

⑥ 맛과 향
브로스에 소맥분을 적게 사용하면 향과 맛이 떨어지며 빵을 먹을 때 촉감이 좋지 못하므로 브로스에 밀가루 양을 증가시켜서 좋은 향과 맛, 먹을 때의 촉감을 개선한다.

3) 특수 재료
연속식 제빵법에 사용되는 재료는 일반 제빵법에 사용되는 재료와는 별로 차이가 없으나 몇 가지 특수한 재료인 산화제, 인산칼슘, 쇼트닝 플레이크(Short Flakes)등을 사용한다.

① 두 개의 산화제

반죽이 디벨로퍼에서 발전되는 과정 중 일반 제빵법에서 반죽할 때와 같은 공간이 없이 30~60분간을 흘러나가므로 공기의 결핍 때문에 반죽의 숙성은 주로 기계적 교반과 산화제에 의한다.

산화제는 취소산 칼륨과 옥소산 칼륨을 사용하며 이로 인하여 마지막 발전단계에서 반죽의 발달을 도와주고 오븐 스프링을 높여준다.

취소산 칼륨의 사용량은 미국의 경우는 연방 기준법에 의하여 밀가루를 기준하여 75ppm까지 사용할 수 있으나 우리나라에서는 50ppm까지가 사용 최대 한계이다.

취소산 칼륨은 두 가지 산화제중 작용이 느린 편이므로 적절한 팬 흐름과 오븐 팽창을 위하여 취소산 칼륨 4, 옥소산 칼륨 1의 비율로 사용한다. 취소산 칼륨의 위해성 때문에 아조디카본 아미드 (Azodicarbon Amide)를 사용하는 방법도 개발되었다.

② 인산 칼슘

인산 칼슘은 탈지분유의 완충작용에 대한 안정제로 연속식 제빵법에서 이용되며, 탈지분유 사용량의 0.1~10%까지 사용하나 이는 빵의 향을 나쁘게 하므로 탈지분유를 4.5% 사용할 때에도 0.45% 이상은 사용하지 않는다.

③ 쇼트닝 조각

일반빵을 제조할 때에는 고형이나 액체 상태의 쇼트닝을 사용해도 문제가 되지 않으나 연속식 제빵법에서는 융점이 낮은 쇼트닝을 사용할 때 문제가 생긴다.

이는 디벨로퍼에서 반죽을 배출할 때의 온도가 높기 때문이다. 일반적으로 평균 약 41℃에 도달한다. 이러한 이유로 융점을 높이기 위하여 쇼트닝에 경화된 면실유 또는 소기름(Beef tallow) 조각을 첨가하여 융점을 높이는데 융점이 너무 높아도 문제가 생긴다. 이는 쇼트닝 조각이 배출기의 커터(Cutter)에 붙으므로 이를 제거시키는 일이 생기기 때문이다. 적절한 융점의 쇼트닝을 만들기 위해서 일반적으로 경화된 면실유 조각을 전체 쇼트닝의 양에 1~10%를 사용하는데 평균적으로 식물성 쇼트닝에 약 6% 정도를 사용한다. 쇼트닝의 융점은 46℃가 가장 좋다.

(6) 노 타임법 (No-Time Dough)

노타임법은 빵 생산에 있어서 발효시간을 최소로 줄이는 방법이지만 제품은 바람직한 풍미, 최상의 부드러움과 저장성 증가, 조밀한 기공과 부드러운 조직, 매력적인 껍질색, 부피, 외형의 균형 등의 조건도 갖추어야 한다.

이 방법을 사용하는 2가지 근본적인 작용은 이스트에 필요한 영양물질과 효소 등을 효율적으로 공급하여 이산화탄소 가스 생산을 가속화 하고, 적절한 산화제를 사용하여 글루텐 구조를 조절함으로 발생된 가스를 최적 수준으로 보유할 수 있도록 한 것이다.

산화제로는 브롬산 칼륨 또는 옥소산 칼륨, 염화칼슘, 효소, 비타민 C, 염화암모늄 등을 사용한다.

〈식빵 배합표〉

재료명	비율(%)	공정
밀가루	100	
이스트	2.5~3	
제빵개량제	1~2%	* 반죽시간 : 저속=2분, 고속=10~12분
물	60~62	* 반죽온도 : 29~30℃
설탕	5~6	* 발효시간 : 0~45분 * 중간발효 : 15~20분
소금	1.5~2.0	* 2차발효 : 온도 33~35℃
쇼트닝	4~5	습도 85~90% 시간 40~45분
탈지분유	3~4	* 굽기온도 : 200~205℃
시스테인	30~40 ppm	
브롬산 칼륨	30~40 ppm	

1) 반죽은 부드럽게 만든다.
2) 반죽은 고속으로 10~12분 정도 믹싱한다.
3) 반죽온도는 일반 스트레이트법보다 약간 높인다.
4) 2차 발효 온도는 약간 낮게 한다.
5) 오븐 스프링이 적기 때문에 2차 발효는 충분히 한다.
6) 구울 때 온도를 약간 낮게 하여 충분하게 굽기를 한다.

(7) 재반죽법 (Re-Mix Dough)

이 제법은 제품의 향과 풍미가 좋으며 제품 상태는 스펀지법과 비슷한데 반죽하는 방법은 두 가지가 있다.

1) 전체 재료 중에 물량만 5% 정도 제외하고 나머지 재료를 먼저 반죽하고 재반죽 할 때 나머지 물량을 넣고 반죽하는 방법이며,

2) 전체 재료 중에 설탕과 소금을 제외하고 나머지 재료를 넣고 반죽한 후 재반죽 할 때 설탕과 소금을 넣고 반죽하는 방법이다.

반죽의 온도는 스펀지법(중종법)보다 조금 높게 하고 발효를 2시간~2시간 30분정도 시킨 후 재반죽을 시행한다.

주의할 점은 구울 때 오븐스프링이 적기 때문에 2차 발효를 충분히 시킬 필요가 있는 것이다.

〈식빵 배합표〉

재료명	비율(%)	공정
밀가루	100	*반죽시간 : 저속=2분, 중속=2-3 분 *반죽온도 : 25~26℃ *발효실 온도 : 26~27℃, 시간 : 2~2.5 시간 *발효종점 온도 : 27.5~28℃ *재반죽 시간 : 저속=2분, 중속=7~8분 *재반죽 온도 : 28~28.5℃ *플로어 타임 : 10~15분 *2차발효 : 온도 35~38℃ 　　　　　　습도 85% 　　　　　　시간 45~50분 *굽기온도 : 200~210℃, 시간 : 30~35분
물	58	
이스트	2.5	
제빵개량제	1	
소금	2	
설탕	6	
쇼트닝	4	
탈지분유	2	
재반죽시 물	5	

제 2 절 반죽상태의 변화

1. 믹싱단계별 반죽상태

믹싱하는 과정을 단계별로 구분하면 픽업 단계, 클린업 단계, 발전 단계, 최종 단계, 렛다운 단계, 브레이크다운 단계로 구분한다.

특수한 제품을 제외하고는 최종단계에서 반죽을 끝내는데 이 단계에 도달하는데 소요되는 시간은 사용된 주재료인 밀가루의 종류와 부재료에 따라서 달라진다.

여기서 가장 크게 영향을 주는 것은 밀가루의 단백질 함량과 질이라 할 수 있다.

(1) 픽업 단계 (Pick up Stage)

글루텐 형성은 되지 않고 건조 재료와 수분이 서로 결합되는 상태를 말한다.

(2) 클린업 단계 (Clean up Stage)

건조 재료의 수화가 완료되고 혼합물이 한 덩어리가 되어 반죽기의 볼이 깨끗하게 되며, 글루텐의 일부가 발달된 상태를 말하며 보통 이때에 유지를 첨가한다.

(3) 발전 단계 (Development Stage)

글루텐이 발전되는 단계로서 최고의 탄력성을 가지며 반죽기도 최대의 에너지를 요하는 상태를 말한다.

(4) 최종 단계 (Final Stage)

최대의 탄력성을 가진 발전단계가 조금 경과되면 반죽은 탄력성이 다소 감소되면서 신장성이 생겨 반죽을 넓혀 보면 얇은 피막이 터지지 않은 상태가 되는데 이 단계를 제빵에서 최적기인 최종단계라고 말한다.

(5) 렛다운 단계 (Let down Stage)

반죽이 탄력성을 잃으며 신장성이 최대인 상태를 말하는데 오버믹싱(Over mixing)의 초기 단계가 된다.

(6) 브레이크다운 단계 (Break down Stage)

오버 믹싱이 더욱 진행되어 반죽은 유동성을 가지며 반죽이 처지고 글루텐이 완전히 파괴된 것을 말한다.

단백질과 전분이 효소 프로테아제(Protease)와 아밀라아제(Amylase)에 의하여 파괴되고 액화되는 상태와 같으며 이때를 파괴상태라고도 한다.

〈지나친 반죽상태와 덜된 반죽상태가 제품에 미치는 영향〉

	지나친 반죽 상태	덜된 반죽 상태
부피	가스 보유력이 좋으므로 부피가 크다. 점차 부피가 작아진다.	글루텐 발전이 적은 관계로 가스 보유력이 적기 때문에 부피가 작다.
껍질색	많은 열 침투로 인하여 캐러멜화가 크기 때문에 껍질색은 진하다.	작은 부피로 인하여 껍질색은 엷다.
외형의 균형	팬 흐름이 지나치다.	팬 흐름이 적다.
껍질의 특성	큰 부피로 인하여 열 침투가 좋으므로 껍질이 두껍다.	껍질이 얇고 거칠다.
기공 및 조직	얇은 세포벽과 열린 기공이 형성된다.	두꺼운 세포벽과 거친 조직이 형성된다.
속색	얇은 세포벽으로 속색이 희다.	황갈색
맛과 향	부피가 크므로 향과 맛이 좋다	작은 부피로 인해 향이 적고 약간 질긴 맛이 있다.

2. 발효별 반죽상태

(1) 정상

가스의 발생도가 정상에 달하며 반죽 피막의 신장성이 적절하게 형성되어 발효의 풍미도 좋으면서 가스보유력이 최적인 상태를 말한다. 항상 유의 할 점은 가스 발생량이 최적일 때 동시에 가스 보유력이 최적인 상태가 일치되어야 한다는 점이다.

이러한 점을 찾기는 매우 어려운 일이므로 몇 가지 테스트로 발효점을 찾는다.

1) 발효된 반죽의 표면을 눌렀을 때 다시 원상태로 돌아오는 속도나 반죽의 내부에 생성된 균일한 기공을 가진 섬유질 상태
2) 반죽의 맛과 냄새 등을 점검할 때 알코올 향과 약간의 신 냄새를 풍길 때
3) 발효된 반죽을 잡아서 당길 때 탄력성과 유연한 신장성을 가질 때
4) 이외에 발효된 반죽의 팽창정도로 판단한다.

(2) 부족한 발효상태

정상보다 부족한 발효상태, 즉 〈어린반죽〉 상태를 말한다.

어린반죽으로 만든 제품은 일반적으로 껍질 색상이 진하며 내부의 세포벽이 두껍고 결이 서지 않으며, 기공이 고르지 않고 빵 속의 색상도 검고 풍미도 담백하다.

만약 어린반죽으로 제조를 할 경우에는 둥글리기 후에 중간 발효를 길게 하거나 분할된 반죽을 다시 한 번 둥글리기를 함으로 약간의 조절을 할 수 있다.

(3) 지나친 발효상태

발효가 정상보다 지나친 것을 말하며 이런 상태의 반죽을 〈지친 반죽〉이라고도 한다. 지친 반죽으로 만든 제품은 색상이 여리고 내상의 세포벽은 얇고 큰 기공이 많으며 신 냄새가 난다. 만약 발효가 지쳤을 경우에는 재 반죽을 하거나 다른 반죽에 나누어 넣어서 사용할 수도 있다.

(4) 2차발효

2차발효는 성형된 반죽에 팽창할 기회를 다시 주어 일정한 모양을 만들 수 있는 단계를 말한다.

성형된 반죽은 팽창이 적으므로 2차발효단계를 거치지 않고 굽게 되면 부피가 큰 제품을 얻을 수 없으며, 빵의 비중은 무겁고 속결은 아주 거칠며 윗면과 옆면 등에 균열이 생긴다.

성형단계까지 아무리 완전한 공정을 거친 반죽도 이 단계에서 잘못되면 완제품은 완전히 실패에 이르므로 적절한 2차발효를 시키는 것은 대단히 중요한 것이다.

적절한 2차발효를 시키기 위해서는 적절한 2차발효의 조작과 발효점을 찾는 것이 중요하다.

2차발효점을 찾는 방법은 여러 가지 여건 즉, 빵의 종류, 밀가루의 강력도, 반죽의 숙성도 및 사용하는 부재료 등에 따라 다르다. 적절한 2차발효점을 찾기는 매우 어려운 일로서 많은 경험을 요구한다.

일반적으로 완제품 용적의 70~80% 정도까지 팽창시키지만 이는 밀가루의 강력도에 따라 차이가 있으며, 성형된 반죽의 용적이 2차발효가 되면서 약 3~4배로 팽창될 때를 **발효종점**으로 본다.

또 하나의 방법은 2차발효 된 반죽이 팽창과 더불어 반죽이 유연하여 막이 얇게 되며 손가락으로 살짝 눌렀을 때 반죽의 저항성이 약하여 자국이 그대로 남는 것으로 판단하기도 한다.

〈어린 반죽과 지친 반죽으로 만든 제품 비교〉

	어린 반죽	지친 반죽
부피	작다	크다 → 작다
껍질색	어두운 적갈색	밝은 색깔
외형의 균형	예리한 모서리 매끄럽고 유리 같은 옆면	둥근 모서리, 움푹 들어간 옆면
껍질의 특성	두껍고 질기며 기포가 있을 수 있음	두껍고 단단해서 잘 부서지기 쉬움
기공	거칠다. 두꺼운 세포벽	거칠고 열린 얇은 세포벽
속색	무겁고 어두운 숙성이 안 된 색	회색, 광택을 잃은 색
조직	거칠다	거칠다
맛	담백한 맛	약간 신맛이 난다

※ 참고 – 빵의 결함과 원인

원인＼결함	부피가 작다	부피가 크다	껍질색이 여리다	껍질색이 어둡다	껍질에 물집이 생긴다	껍질이 벗겨진다	저장성이 없다	조직이 약하고 부스러진다	껍질이 두껍다	속이 얼룩진다	속색이 어둡다	슈레드가 적다	속이 거칠다	맛과 향이 적다
부적당한 반죽	○												○	
소금 부족		○					○							○
소금 과다	○													
용량보다 많은 반죽		○												
용량보다 적은 반죽	○												○	
적은 이스트	○													
2차발효 과다		○					○	○				○	○	
2차발효 부족	○					○					○			
높은 반죽온도							○				○			○
낮은 반죽온도			○	○									○	
단단한 반죽							○	○						
높은 온도의 발효실			○					○			○			
숙성이 덜 된 밀가루					○	○								
찬 반죽	○													
설탕 과다				○										
설탕 부족			○				○	○	○					
어린 반죽	○			○	○			○				○	○	
지친 반죽	○	○	○		○			○	○			○	○	○
부적당한 성형					○					○			○	
쇼트닝 부족							○							
높은 오븐 온도	○			○										
낮은 오븐 온도		○					○	○	○					
오래 구울 때								○						

제 3 절 식빵

1. 식빵의 정의

밀가루, 쌀가루 또는 기타 곡분을 주원료로 하여 물, 효모 및 기타 필요한 물질을 균일하게 혼합하고 이에 다른 식품 또는 식품첨가물을 가하여 제조 특성에 따라 발효시키거나 발효하지 아니하고 반죽한 것 또는 이를 구운 것을 말한다.

식빵은 식사 때에 내놓는 빵으로 일상적으로 토스트, 샌드위치 등으로 만들어 식용하는 빵을 일컫는다. 고유의 향미를 가지고 이미·이취가 없어야 하며 타르색소가 검출되어서는 안된다.

식빵이라 규정할 수 있는 것은 나라마다 다르다. 우리나라에서 식빵이라 하는 것은 틀에 넣어 구운 흰빵이다. 역사적으로 보면 딱딱한 빵을 굽던 유럽식 빵의 기술이 영국으로 전해지면서 부드러운 빵을 굽게 되었다. 그리고 영국에서 미국으로 건너간 식빵은 오래 보존할 수 있는 고배합으로 바뀌었다.

2. 식빵의 분류

(1) 모양에 따른 분류

식빵틀의 뚜껑을 덮고 굽는 경우와 뚜껑을 덮지 않고 굽는 경우가 있다. 뚜껑을 덮고 구운 사각형의 식빵을 '풀만식빵' 또는 '미국형 식빵'이라고 한다.

풀만(Pullman)은 19세기 후반 기차를 고안해 낸 미국의 발명가로, 식빵의 각지고 네모난 모양이 풀만이 발명한 기차와 비슷한 데에서 유래됐다. 반면에 빵 윗부분이 산봉우리처럼 둥글게 부풀어 오른 식빵을 '영국식 식빵' 또는 오픈 톱 식빵(open top bread)이라고 한다. 보통 '산형(山型) 식빵'이라고 하는데 부풀어 오른 덩어리의 수에 따라 〈원로프(One Loaf)〉, 〈이봉형〉, 〈삼봉형(三峰型)〉 등으로 분류한다.

(2) 배합에 따른 분류

밀가루의 양이 동일한 조건에서 설탕, 유지, 우유, 달걀 등의 함량이 높은 식빵을 고배합(Rich Type) 식빵, 함량이 낮은 식빵을 저배합(Lean Type) 식빵이라고 한다.

일반적으로 고배합 식빵은 주로 샌드위치 식빵에 많이 사용되며, 저배합 식빵은 토스트용으로 많이 사용된다.

(3) 제조법에 따른 분류

스트레이트 식빵, 스펀지/도 식빵, 비상 식빵 등으로 분류된다.

① 표준 식빵(White Pan Bread) : 스트레이트법이나 스펀지법으로 만든 표준 배합의 식빵으로 백색이 일반적이다.

② 스펀지/도 식빵(Sponge/dough Pan Bread) : 믹싱을 두 번 진행하는 스펀지/도 법으로 만든 식빵

③ 비상 식빵(Emergency Dough Bread) : 비상법을 이용해 제조시간을 단축시켜 만든 식빵

01 표준 식빵 Pan Bread

(1) 배합표

재료	%	g
강력분	100	1600
설탕	5	80
소금	2	32
쇼트닝	5	80
탈지분유	2	32
이스트	4	64
제빵개량제	1	16
물	64	1024
계	183	2928

(2) 제조공정 (스트레이트법)

믹싱	유지를 제외한 모든 재료를 믹서 볼에 넣고 클린업 단계에서 유지를 넣는다. 1) 저속=2분, 중속=3분+유지, 중속=14분 2) 반죽온도=28℃	
1차발효	반죽의 표피가 매끄럽게 되도록 만들어 1) 온도=27℃　2) 습도=75% 3) 발효시간=120분(90분 후 펀치) * 펀치는 가볍게 해준다.	
분할	1) 팬 용적에 맞추어 분할　2) 둥글리기	
중간발효	실온에서 15~20분	
정형	1) 밀대로 반죽에 생긴 가스를 빼준다 2) 3겹접기를 하여 사진 4와 같이 정형하여 팬닝한다.	
2차발효	1) 온도=35℃　2) 습도=85%　3) 시간=45~55분 4) 2차발효의 종점은 팬 위로 올라온 　 반죽이 0.5~1cm 정도 올라 왔을 때를 　 최적 상태로 판단한다.	
굽기	1) 180/200℃ 표준 2) 분할무게에 따라 온도와 시간 조정	

44

02 비상 스트레이트 식빵

(1) 배합표

재료	%	g
강력분	100	1200
물	63	756
이스트	5	60
제빵개량제	2	24
설탕	5	60
쇼트닝	4	48
탈지분유	3	36
소금	1.8	22
계	183.8	2205.6(2206)

(2) 제조공정(비상 스트레이트법)

믹싱	쇼트닝을 제외한 모든 재료를 믹서 볼에 넣고 클린업 단계에서 쇼트닝을 넣는다. 1) 저속=1분, 중속=22분 2) 반죽온도=30℃
1차발효	반죽의 표피가 매끄럽게 되도록 만들어 1) 온도=30℃ 2) 습도=75~80% 3) 발효시간=15~30분 정도
분할	1) 170g씩 분할 2) 둥글리기
중간발효	비닐을 덮어 10~15분
정형	1) 밀대로 반죽에 생긴 가스를 빼준다 2) 3겹접기를 하여 사진 2와 같이 정형하여 반죽을 3개씩 넣고 팬닝한다.
2차발효	1) 온도=35~38℃ 2) 습도=85% 3) 시간=40분 4) 2차발효의 종점은 팬 위로 올라온 반죽이 팬 테두리보다 0.5cm 높게 올라 왔을 때 최적 상태로 판단한다.
굽기	1) 온도=175℃/180℃ 2) 시간=30~35분(상태로 판단)

03 풀만 식빵 Pullman Bread

(1) 배합표

재료	%	g
강력분	100	1400
물	58	812
이스트	4	56
제빵개량제	1	14
소금	2	28
설탕	6	84
쇼트닝	4	56
달걀	5	70
탈지분유	3	42
계	183	2562

(2) 제조공정 (스트레이트법)

믹싱	쇼트닝을 제외한 모든 재료를 믹서 볼에 넣고 클린업 단계에서 쇼트닝을 넣는다.
	1) 저속=1분, 중속=15분　　2) 반죽온도=27℃
1차발효	반죽의 표피가 매끄럽게 되도록 만들어
	1) 온도=27℃　　2) 습도=75~80% 3) 발효시간=60~70분
분할	1) 250g씩 분할　　2) 둥글리기
중간발효	비닐을 덮어 10~15분
정형	1) 밀대로 반죽에 생긴 가스를 빼준다. 2) 3겹접기를 하여 사진 2와 같이 정형하여 　　반죽을 2개씩 넣고 팬닝한다.
2차발효	1) 온도=35~38℃　　2) 습도=85%　　3) 시간=40분 4) 2차발효의 종점은 팬 위로 올라온 반죽이 팬 테두리보다 　　0.5cm 높게 올라 왔을 때 최적 상태로 판단한다. 5) 전용 팬의 뚜껑을 닫는다.
굽기	1) 온도=180℃/180℃ 2) 시간=35~40분

04 버터 톱 식빵 Butter Top Bread

(1) 배합표

재료	%	g
강력분	100	1200
물	40	480
생이스트	4	48
제빵개량제	1	12
소금	1.8	21.6(22)
설탕	6	72
버터	20	240
탈지분유	3	36
달걀	20	240
버터(바르기용)	5	60
계	200.8	2409.6

(2) 제조공정 (스트레이트법)

믹싱	버터를 제외한 모든 재료를 믹서 볼에 넣고 클린업 단계에서 버터를 넣는다.	
	1) 저속=1분, 중속=15분　　2) 반죽온도=27℃	
1차발효	반죽의 표피가 매끄럽게 되도록 만들어	
	1)) 온도=27℃　　2) 습도=75% 3) 발효시간=50~60분	
분할	1) 460g씩 분할　2) 둥글리기	
중간발효	비닐을 덮어 15~20분	
정형	1) 밀대로 반죽에 생긴 가스를 빼주면서 30cm정도 늘려 편다. 2) 안쪽으로 말면서 일직선으로 만든다.	
2차발효	1) 온도=38℃　　2) 습도=85%　　3) 시간=30~35분 4) 2차발효의 종점은 식빵 팬의 2~3cm 낮게 발효시킨다. 　(실온에서 표피 건조)	
윗면가르기 버터 짜기	1) 윗면을 길이로 길게 가른다. 2) 자른 면에 버터를 충분하게 짜준다.	
굽기	1) 온도=180℃/180℃ 2) 시간=30분	

05 우유 식빵 Milk Pan Bread

(1) 배합표

재료	%	g
강력분	100	1200
우유	40	480
물	29	348
이스트	4	48
제빵개량제	1	12
소금	2	24
설탕	5	60
쇼트닝	4	48
계	185	2220

(2) 제조공정 (스트레이트법)

믹싱	쇼트닝을 제외한 모든 재료를 믹서 볼에 넣고 클린업 단계에서 쇼트닝을 넣는다. 최종단계까지 믹싱한다. 1) 저속=1분, 중속=15분 2) 반죽온도=27℃
1차발효	반죽의 표피가 매끄럽게 되도록 만들어 1) 온도=27℃ 2) 습도=75~80% 3) 발효시간=60~70분
분할	1) 180g씩 분할 2) 둥글리기
중간발효	비닐을 덮어 표면이 마르지 않도록 실온에서 10~15분 발효시킨다.
정형	1) 밀대로 반죽에 생긴 가스를 빼준다. 2) 3겹접기를 하여 사진 2와 같이 정형하여 반죽을 3개씩 넣고 팬닝한다.
2차발효	1) 온도=35~38℃ 2) 습도=85% 3) 습도=45~50% 4) 2차발효의 종점은 반죽이 식빵 팬의 0.5cm~1cm 높게 올라올 때까지 발효시킨다.
굽기	1) 온도=175℃/180℃ 2) 시간=30~35분

06 옥수수 식빵 Corn Pan Bread

(1) 배합표

재료	%	g
강력분	80	960
옥수수 분말	20	240
물	60	720
이스트	3	36
제빵개량제	1	12
소금	2	24
설탕	8	96
쇼트닝	7	84
탈지분유	3	36
달걀	5	60
계	189	2268

(2) 제조공정 (스트레이트법)

믹싱	쇼트닝을 제외하고 옥수수 분말과 나머지 모든 재료를 믹서 볼에 넣고 최종단계까지 믹싱한다.
	1) 저속=1분, 중속=15분 2) 반죽온도=27℃
1차발효	반죽의 표피가 매끄럽게 되도록 만들어
	1) 온도=27℃ 2) 습도=75~80% 3) 발효시간=70~80분
분할	1) 180g씩 분할 2) 둥글리기
중간발효	비닐을 덮어 실온에서 10~20분
정형	밀대로 반죽에 생긴 가스를 빼주고 3겹접기하여 식빵팬에 3개씩 넣고 팬닝한다.
2차발효	1) 온도=35~38℃ 2) 습도=85% 3) 시간=45~50분 4) 식빵팬에서 반죽의 제일 높은 부분이 1cm 높게 올라올 때까지 발효시킨다.
굽기	1) 온도=180℃/180℃ 2) 시간=30~35분

07 배아 식빵 Wheat Germ Pan Bread

(1) 배합표

재료	%	g
강력분	70	1120
배아	30	480
물	63	1008
이스트	3	48
제빵개량제	1	16
소금	2	32
설탕	5	80
쇼트닝	6	96
탈지분유	2	32
맥아	0.1	1.6
계	182.1	2913.6

(2) 제조공정 (스트레이트법)

믹싱	유지를 제외하고 모든 재료를 믹서 볼에 넣고 일반식빵보다 약간 짧게 한다. 1) 저속=2분, 중속=15분　2) 반죽온도=27℃
1차발효	반죽의 표피가 매끄럽게 되도록 만들어 1) 온도=27℃　2) 습도=80% 3) 발효시간=80~90분
분할	1) 450g씩　2) 둥글리기
중간발효	비닐을 덮어 실온에서 10~15분
정형	1) 밀대로 반죽에 생긴 가스를 빼주면서 30cm 정도 늘려 편다. 2) 안쪽으로 말면서 일직선(One-loaf 형태)으로 만든다.
2차발효	1) 온도=35~38℃ 2) 습도=80~85%　3) 시간=50~60분 4) 식빵 팬에서 반죽이 1cm 정도 높게 되도록 발효를 시킨다.
굽기	1) 온도=180℃/200℃　2) 시간=30분

08 쌀 식빵 Rice Pan Bread

(1) 배합표

재료	%	g
강력분	70	910
쌀가루	30	390
물	63	819(820)
생이스트	3	39(40)
소금	1.8	23.4(24)
설탕	7	91(90)
쇼트닝	5	65(66)
탈지분유	4	52
제빵개량제	2	26
계	185.8	2415.4(2418)

(2) 제조공정 (스트레이트법)

믹싱	쇼트닝을 제외한 모든 재료를 믹서 볼에 넣고 클린업 단계에서 쇼트닝을 넣는다. 최종단계까지 믹싱한다. 1) 저속=2분, 중속=15분 2) 반죽온도=27℃	
1차발효	반죽의 표피가 매끄럽게 되도록 만들어 1) 온도=27℃ 2) 습도=75~80% 3) 발효시간=60~70분	
분할	1) 198g씩 분할 2) 둥글리기	
중간발효	비닐을 덮어 10~15분	
정형	밀대로 반죽에 생긴 가스를 빼고 3겹접기하여 식빵팬에 3개씩 넣고 팬닝한다.	
2차발효	1) 온도=35~38℃ 2) 습도=85% 3) 시간=45~50분 4) 식빵 팬에서 반죽이 1cm 정도 높게 오도록 충분히 발효시킨다.	
굽기	1) 온도=175℃/180℃ 2) 시간=30~35분	

09 오트밀 식빵 Oatmeal Pan Bread

(1) 배합표

재료	%	g
강력분	100	1500
물	75	1125
이스트	3	45
제빵개량제	1	15
소금	2	30
설탕	10	150
쇼트닝	4	60
탈지분유	3	45
오트밀	20	300
계	218	3270

(2) 제조공정 (스트레이트법)

믹싱	유지를 제외하고 모든 재료(오트밀은 전처리를 하여 사용)를 믹서 볼에 넣고 최종단계까지 믹싱한다. 1) 저속=2분, 중속=17분 2) 반죽온도=27℃
1차발효	반죽의 표피가 매끄럽게 되도록 만들어 1) 온도=27℃ 2) 습도=80% 3) 발효시간=60~80분
분할	1) 450g씩 분할 2) 타원형 둥글리기
중간발효	비닐을 덮어 10~15분
정형	1) 밀대로 반죽에 생긴 가스를 빼주면서 30cm 정도로 늘려 편다. 2) 안쪽으로 말면서 일직선으로 만든다.
2차발효	1) 온도=35℃ 2) 습도=80~85% 3) 시간=60~80분 4) 식빵 팬에서 반죽이 1cm 정도 높게 오도록 충분히 발효시킨다.
굽기	1) 온도=180℃/200℃ 2) 시간=30~35분

* 오트밀 전처리 : 급수량의 일부에 2~3시간 정도 담가 두었다가 사용한다.

10 보리 식빵 Barley Pan Bread

(1) 배합표

재료	%	g
강력분	80	1280
보리가루	20	320
물	65	1040
이스트	3	48
제빵개량제	1	16
소금	2	32
설탕	5	80
마가린	4	64
탈지분유	3	48
계	183	2928

(2) 제조공정 (스트레이트법)

믹싱	유지를 제외하고 모든 재료를 믹서 볼에 넣고 일반식빵보다 짧게 믹싱한다. 1) 저속=2분, 중속=15분　　2) 반죽온도=27℃
1차발효	반죽의 표피가 매끄럽게 되도록 만들어 1) 온도=27℃　　2) 습도=80%　　3) 발효시간=70~80분
분할	1) 450g씩 분할　　2) 타원형 둥글리기
중간발효	비닐을 덮어 10~15분
정형	1) 밀대로 반죽에 생긴 가스를 빼주면서 　30cm 정도로 늘려 편다. 2) 안쪽으로 말면서 일직선으로 만든다.
2차발효	1) 온도=35℃　　2) 습도=80~85% 3) 시간=60~80분 4) 식빵 팬에서 반죽이 1cm 정도 높게 발효시킨다.
굽기	1) 온도=180℃/200℃ 2) 시간=30~35분

11 건포도 식빵 Raisin Pan Bread

(1) 배합표

재료	%	g
강력분	100	1400
물	60	840
이스트	3	42
제빵개량제	1	14
소금	2	28
설탕	5	70
마가린	6	84
탈지분유	3	42
달걀	5	70
건포도	25	350
계	210	2940

(2) 제조공정 (스트레이트법)

믹싱	마가린을 제외한 모든 재료를 믹서 볼에 넣고 클린업 단계에서 마가린을 넣는다. 건포도는 전처리하여 마지막단계에서 저속으로 믹싱한다. 1) 저속=2분, 중속=15분 2) 반죽온도=27℃	
1차발효	반죽의 표피가 매끄럽게 되도록 만들어 1) 온도=27℃ 2) 습도=80% 3) 발효시간=60~70분	
분할	1) 180g씩 분할 2) 둥글리기	
중간발효	비닐을 덮어 10~15분	
정형	1) 밀대로 반죽에 생긴 가스를 빼준다. 2) 3겹접기를 하여 사진 3과 같이 정형하여 　반죽을 3개씩 넣고 팬닝한다.	
2차발효	1) 온도=35~38℃ 2) 습도=85% 3) 시간=40~50분 4) 2차발효는 식빵 팬보다 1~1.5cm 높게 발효시킨다.	
굽기	1) 온도=180℃/180℃ 2) 시간=30~35분	

12 치즈 식빵 Cheese Pan Bread

(1) 배합표

재료	%	g
강력	80	960
중력	20	240
설탕	8	96
소금	2	24
이스트	3	36
제빵개량제	1	12
버터	10	120
달걀	10	120
물	35	420
롤 치즈	50	600
계	219	2628

(2) 제조공정 (스트레이트법)

믹싱	유지를 제외한 모든 재료를 믹서 볼에 넣고 클린업 단계에서 유지를 넣는다. 최종단계까지 믹싱한다. 치즈는 마지막 단계에서 저속으로 믹싱한다. 1) 저속=1분, 중속=15분 2) 반죽온도=27℃
1차발효	반죽의 표피가 매끄럽게 되도록 만들어 1) 온도=27℃ 2) 습도=75~80% 3) 발효시간=50~60분
분할	1) 120g씩 분할 2) 타원형 둥글리기
중간발효	비닐을 덮어 실온에서 10~15분
정형	타원형으로 정형하여 반죽을 4개씩 넣고 팬닝한다.
2차발효	1) 온도=38~38℃ 2) 습도=80~85% 3) 시간=50~60분 4) 2차발효의 종점은 식빵 팬의 1cm 위로 높이 올라올 때까지 발효시킨다.
굽기	1) 온도=160℃/200℃ 2) 시간=25~30분

13 밤 식빵 Chestnut Pan Bread

(1) 배합표

구분	재료	%	g
빵반죽	강력분	80	960
	중력분	20	240
	물	52	624
	이스트	4.5	54
	제빵개량제	1	12
	소금	2	24
	설탕	12	144
	버터	8	96
	탈지분유	3	36
	달걀	10	120
	밤 (다이스, 시럽 제외)	35	420
	계	227.5	2730

구분	재료	%	g
토핑	마가린	100	100
	설탕	60	60
	베이킹파우더	2	2
	달걀	60	60
	중력분	100	100
	아몬드 슬라이스	50	50
	계	372	372

(2) 제조공정(스트레이트법)

믹싱	밤과 버터를 제외한 모든 재료를 믹서 볼에 넣고 클린업 단계에서 버터를 넣는다. 최종단계까지 믹싱한다. 1) 저속=2분, 중속=15분 2) 반죽온도=27℃	
1차발효	반죽의 표피가 매끄럽게 되도록 만들어 1) 온도=27℃ 2) 습도=75% 3) 발효시간=60~70분	
분할	1) 450g씩 분할 2) 둥글리기	
중간발효	비닐을 덮어 15분	
정형	밀대로 반죽에 생긴 가스를 빼주면서 30cm로 밀어 통조림 밤 80g씩을 넣어 한 덩어리(one loaf)로 정형한다.	
2차발효	1) 온도=38℃ 2) 습도=85% 3) 시간=40~45% 4) 2차발효는 식빵 팬보다 1cm 낮게 발효시킨다.	

토핑	1) 짤주머니에 물결무늬 모양깍지를 사용하여
	   2차발효 된 반죽 위에 세로로 길게
	   약간 겹치도록 세 줄 정도를 짜준다.
	2) 토핑물 위에 아몬드 슬라이스를 골고루 뿌려준다.	

굽기	1) 온도=170℃/175℃ 2) 시간=30분	

14 페이스트리 식빵 Pastry Pan Bread

　유지를 넣고 접어 밀기한 페이스트리 반죽을 식빵틀에 넣고 구운 비엔누아즈리를 말한다. 모양은 식빵처럼 생겼지만 식감은 매우 바삭하고 유지의 풍미가 강하게 느껴진다. 결이 잘 살아나도록 구워야 하며 3개의 트위스트 반죽이 골고루 부풀어야 완성도 높은 작품이 나온다. 발효, 온도, 시간에 특히 민감한 품목이라 많은 경험과 요령이 필요하다.

(1) 배합표

재료	%	g
강력분	75	825
중력분	25	275
물	44	484
이스트	6	66
소금	2	22

마가린	10	110
계란	15	165
설탕	15	165
탈지분유	3	33
제빵개량제	1	11
파이용 마가린	총 반죽의 30%	646.8[647]

(2) 제조공정

믹싱	마가린과 파이용 마가린을 제외한 모든 재료를 믹서볼에 넣고 믹싱한 다음 클린업 단계에서 마가린을 넣는다. 1) 발전 단계까지 믹싱 2) 반죽온도 20℃ * 믹싱을 오래하면 완제품의 껍질이 부서지기 쉽고, 오븐 스프링은 좋은 반면 최종 제품에서 주저앉을 수도 있다.
1차 발효	반죽을 비닐로 싸서 사각형으로 만든 후 냉장고에서 30분간 휴지시킨다.
분할 및 중간 발효	1) 일정한 두께의 사각형으로 밀어 편 반죽 위에 파이용 마가린을 올리고 반죽으로 싼 후 이음매를 잘 여며준다. * 유지의 되기는 반죽과 비슷한 되기로 만들어 준 후 사용한다. 2) 3절 접기를 3회 실시한다. 매 접기 마다 30분씩 냉장 휴지시킨다. * 접기를 할 때는 덧가루를 잘 털어내야 제품의 결이 나빠지거나 딱딱해지지 않는다.
정형	1) 반죽을 가로 46cm, 세로 31~32cm로 밀어 편 후 상하좌우를 각각 0.5cm씩 잘라낸다. 2) 가로 3cm 폭으로 15개가 되도록 자른다. 3) 3개씩 트위스트형(세가닥 엮기)으로 성형한 후 식빵틀에 팬닝한다.
2차 발효	1) 온도=30~32℃ 2) 습도=75~80% 3) 시간=40~50분 * 2차 발효실의 온도가 높거나 오래 발효시키면 유지가 녹아 흘러내리므로 유지의 융점보다 낮게 조절해야 한다.
굽기	1) 온도=170~180℃/200~210℃ 2) 시간=30~40분

15 잡곡 식빵 Multigrain Pan Bread

(1) 배합표

재료	%	g
강력분	100	1200
멀티그레인 (잡곡)	40	480
이스트	3	36
설탕	7	84
소금	1.5	18
버터	7	84
물	70	840
계	228.5	2742

(2) 제조공정 (스트레이트법)

믹싱	유지를 제외한 모든 재료를 믹서 볼에 넣고 클린업 단계에서 유지를 넣는다. 최종단계까지 믹싱한다. 1) 저속=1분, 중속=15분 2) 반죽온도=27℃
1차발효	반죽의 표피가 매끄럽게 되도록 만들어 1) 온도=27℃ 2) 습도=75~80% 3) 발효시간=50~60분
분할	1) 180g씩 분할 2) 둥글리기
중간발효	비닐을 덮어 10~15분
정형	1) 밀대로 반죽에 생긴 가스를 빼준다 2) 3겹접기를 하여 사진 2와 같이 정형하여 반죽을 3개씩 넣고 팬닝한다.
2차발효	1) 온도=32~38℃ 2) 습도=80~85% 3) 시간=40~45분 4) 2차발효의 종점은 식빵 팬의 1cm 위로 높이 올라올 때까지 발효시킨다.
굽기	1) 온도=160℃/200℃ 2) 시간=25~30분

16 흑미 식빵 Black Rice Bread

(1) 배합표

재료	%	g
흑미분	100	1000
설탕	6	60
버터	4	40
생이스트	3	30
물	60	600
소금	2	20
우유	10	100
탈지분유	3	30
현미	11	110
검은깨	5	50
계	204	2040

2) 제조공정 (스트레이트법)

믹싱	유지를 제외한 모든 재료를 믹서 볼에 넣고 클린업 단계에서 유지를 넣는다. * 현미 전처리 – 배합량의 1/2를 넣고 중간불로 15분정도 끓인다. 　식혀서 체에 거른다. 끓인 물은 믹싱할 때 같이 사용. 1) 저속=2분, 중속=15분　　2) 반죽온도=27℃
1차발효	반죽의 표피가 매끄럽게 되도록 만들어 1) 온도=28℃　　2) 습도=75~80% 3) 발효시간=50~60분 후 펀치한 후 30분 발효
분할	1) 280g씩 분할　　2) 둥글리기
중간발효	반죽의 표면이 마르지 않도록 비닐을 덮어 실온에서 10~15분
정형	1) 밀대로 반죽에 생긴 가스를 빼준다 2) 3겹접기를 하여 사진 2와 같이 정형하여 　반죽을 2개씩 넣고 팬닝한다.
2차발효	1) 온도=30~35℃　　2) 습도=70~80%　　3) 시간=60~80분 4) 2차발효의 종점은 식빵 팬의 1cm 높이로 올라올 때까지 　발효시킨다. 5) 발효 후 스프레이로 물을 뿌린 후 칼집을 넣는다.
굽기	1) 온도=180℃/200℃　　2) 시간=30분

17 호두 식빵 Walnut Pan Bread

(1) 배합표

재료	%	g
강력분	100	1200
물	30	360
이스트	3	36
설탕	5	60
소금	2	24
달걀	18	216
우유	15	180
버터	12	144
호두	20	240
계	205	2460

(2) 제조공정 (스트레이트법)

믹싱	유지를 제외한 모든 재료를 믹서 볼에 넣고 클린업 단계에서 유지를 넣는다. 믹싱 마지막 단계에서 호두를 넣는다. 1) 저속=2분, 중속=15분 2) 반죽온도=27℃
1차발효	반죽의 표피가 매끄럽게 되도록 만들어 1) 온도=27℃ 2) 습도=75~80% 3) 발효시간=80~90분
분할	1) 250g씩 분할 2) 둥글리기
중간발효	비닐을 덮어 실온에서 10~15분
정형	1) 밀대로 반죽에 생긴 가스를 빼준다 2) 3겹 접기로 정형하여 반죽을 2개씩 넣고 팬닝한다.
2차발효	1) 온도=33~38℃ 2) 습도=80~85% 3) 시간=60~80분 4) 2차발효의 종점은 식빵 팬 위로 1cm 높이로 올라올 때까지 발효시킨다.
굽기	1) 온도=180℃/200℃ 2) 시간=30~35분

제 4 절 단과자빵

오늘날에도 이스트 발효에 의한 빵 제품들은 소규모 제과점이나 대규모 제빵회사의 중요한 생산 제품으로 그중에서도 단과자빵은 가장 일반적이며 다른 품종에 비하여 생산 비중이 높은 편이다.

단과자빵은 이름 그대로 단맛이 강하며 배합율에 있어서 설탕, 유지, 달걀의 비율이 식빵류 보다 높은 제품이다. 단과자빵은 성형 과정(모양, 충전물, 토핑)에 따라 제품명이 다르게 붙으며 이를 통하여 기술인들은 개개인의 숙련정도에 따라 예술적인 모양을 만들 수 도 있으며 그 모양에 의한 종류들이 다양하다.

일본식 과자빵은 앙금빵(단팥빵), 크림빵, 잼빵 등이 대표적이며 서구식은 미국의 스위트롤(sweet roll)과 커피케이크(coffee cake), 데니시페이스트리 등이 있다.

배합율은 ①소비자들의 기호 ②공장 설비 및 기술자의 숙련정도 ③생산 비용 등에 의하여 조정된다. 제조공장의 사정에 따라 발효를 위한 충분한 장소가 없을 경우는 그 해결책으로 이스트 양을 증가하거나 밀가루의 등급을 낮추어 사용함으로서 발효시간을 줄이는 방법을 택할 수도 있고, 스트레이트법에 의한 제조인 경우는 이스트의 활동을 더욱 자유롭고 활발하게 하기 위하여 설탕량과 소금량을 줄임으로 발효 시간을 단축하는 방법도 행해지고 있다.

성형과정에 있어서 반죽의 취급성은 사용 배합율에 밀접한 관련이 있으며, 기계적 성형인 경우 반죽은 부드럽거나 끈적끈적해서는 좋지 않으며 약간 건조한 편이 낫다. 그러므로 기계적 성형에는 저배합율을 사용하는 것이 반죽취급에 있어서 더욱 용이하다.

01 팥앙금빵 Red Bean Paste Bun

(1) 배합표

재료	%	g
강력분	100	1000
물	47	470
이스트	4	40
제빵개량제	1	10
소금	2	20
설탕	18	180
쇼트닝	12	120
탈지분유	3	30
달걀	15	150
계	202	2020

(2) 제조공정 (스트레이트법)

믹싱	유지를 제외한 모든 재료를 믹서 볼에 넣고 클린업 단계에서 유지를 넣는다. 1) 저속=1분, 중속=5분 후 유지투입, 저속=1분, 중속=10분 2) 반죽온도=27℃
1차발효	반죽의 표피가 매끄럽게 되도록 만들어 1) 온도=27℃　　2) 습도=80%　　3) 발효시간=80~90분
분할	1) 45g씩 분할　　2) 둥글리기
중간발효	반죽의 표면이 마르지 않도록 비닐을 덮어 10~15분
정형	1) 밀어 펴서 가스를 제거하고 팥앙금 30~35g 정도를 포앙한다. 2) 반죽의 상면에 구멍을 낼 경우 약간의 휴지를 준 다음 구멍을 낸다. 3) 달걀물을 칠한다.(노른자 1개+물 40g) * 기호에 따라 참깨를 뿌린다.
2차발효	1) 온도=35~43℃　　2) 습도=85% 3) 시간=30~35분
굽기	1) 온도=200℃/160℃　　2) 시간=10~15분 3) 오븐에서 꺼내자마자 용해시킨 버터를 바른다.

02 단팥빵 Red Bean Bread

(1) 배합표

구분	재료	%	g
빵반죽	강력분	100	900
	물	48	432
	이스트	7	63(64)
	제빵개량제	1	9(8)
	소금	2	18
	설탕	16	144
	마가린	12	108
	탈지분유	3	27(28)
	달걀	15	135(136)
	계	204	1836(1838)
충전물	팥앙금	150	1440

(2) 제조공정 (비상 스트레이트법)

믹싱	마가린과 팥앙금을 제외한 모든 재료를 믹서 볼에 넣고 클린업 단계에서 마가린을 넣는다. 1) 최종단계 후기까지 믹싱 2) 반죽온도=30℃
1차발효	반죽의 표피가 매끄럽게 되도록 만들어 1) 온도=30℃ 2) 습도=75~80% 3) 발효시간=15~30분 이상
분할	1) 40g씩 분할 2) 둥글리기
중간발효	비닐을 덮어 실온에서 10~15분
정형	1) 반죽을 손으로 눌러 가스를 제거하고 팥앙금 30g씩을 포앙한다. 2) 반죽 윗면에 구멍을 내고 앙금주걱으로 자국을 만든다. * 달걀물을 칠한다. * 노른자 1개+물 40g
2차발효	1) 온도=35~43℃ 2) 습도=85% 3) 시간=25~30분
굽기	1) 온도=190℃/160℃ 2) 시간=10~15분

03 단과자빵(크림빵) Cream Bread

(1) 배합표

구분	재료	%	g
빵반죽	강력분	100	800
	물	53	424
	이스트	4	32
	제빵개량제	2	16
	소금	2	16
	설탕	16	128
	쇼트닝	12	96
	탈지분유	2	16
	달걀	10	80
	계	201	1608
충전물	커스터드		360

* 커스터드 크림 제조법

재료	%	g
우유	100	900
달걀	12	108
옥수수 전분	10	90
설탕	25	225
버터	6	54
바닐라 향	0.6	5.4
럼주	3	27
계	157.6	1418.4

* 충전용 커스터드 크림은 지급재료로 제공되어
  수험생이 제조하지 않는다.

(2) 제조공정 (스트레이트법)

믹싱	쇼트닝과 커스터드 크림을 제외한 모든 재료를 믹서 볼에 넣고 클린업 단계에서 쇼트닝을 넣는다. 1) 최종단계까지 믹싱 2) 반죽온도=27℃	
1차발효	반죽의 표피가 매끄럽게 되도록 만들어 1) 온도=27℃ 2) 습도=80% 3) 발효시간=80~90분	
분할	1) 45g씩 분할/크림 30g 2) 둥글리기	
중간발효	반죽 표면이 마르지 않도록 비닐을 덮어 10~15분	

정형 1	1) 밀대를 이용하여 반죽의 가스를 제거하면서
	   반죽을 15cm 정도의 긴 타원형으로 만들어
	   크림 30g을 넣어 반을 접는다.
	2) 손바닥 모양이 나도록 스크레이퍼로 모양을 낸다.
	3) 팬닝한 반죽 위에 달걀물을 칠한다.	

정형 2	반죽을 15cm 정도의 긴 타원형으로 만들어 반죽의 1/2면에 식용유를 바른다. 윗부분이 0.5cm 정도 길게 나오도록 반을 접어 팬에 넣고 살짝 누른다.	
2차발효	1) 온도=35~38℃ 2) 습도=85% 3) 시간=30~35분	
굽기	1) 온도=190℃/150℃ 2) 시간=10~12분 * 굽기 후 녹인 버터를 바르기도 한다.	

* 커스터드 크림 제조법

1) 우유를 끓기 직전 약 90℃까지 데운다.
2) 노른자를 풀고 설탕, 옥수수전분을 넣고 혼합한다.
3) 1)을 2)에 조금씩 넣으면서 불에 올려 덩어리가 생기거나 바닥이 타지 않도록 거품기로 저어
   페이스트 상태로 만든다.
4) 크림이 식기 전에 버터를 넣고, 냉각시킨 후에 향과 럼주를 넣어 완성한다.

04 소보로빵 Streusel Bun

(1) 배합표

재료	%	g
강력분	100	900
물	47	423(422)
이스트	4	36
제빵개량제	1	9(8)
소금	2	18
마가린	18	162
탈지분유	2	18
달걀	15	135(136)
설탕	16	144
계	205	1845(1844)

* 토핑용 소보로 제조법

재료	%	g
중력분	100	500
설탕	60	300
마가린	50	250
땅콩 버터	15	75
달걀	10	50
물엿	10	50
탈지분유	3	15
베이킹파우더	2	10
소금	1	5
계	251	1255

(2) 제조공정(스트레이트법)

믹싱	마가린을 제외한 모든 재료를 믹서 볼에 넣고 클린업 단계에서 마가린을 넣는다. 1) 최종단계까지 믹싱 2) 반죽온도=27℃	
1차발효	반죽의 표피가 매끄럽게 되도록 만들어 1) 온도=27℃ 2) 습도=75~80% 3) 발효시간=80~90분	
분할	1) 50g씩 분할 2) 둥글리기	
중간발효	반죽 표면이 마르지 않도록 비닐을 덮어 실온에서 10~15분 발효	
정형	1) 반죽에 물을 묻힌 후 제조한 소보로(30g)를 균일하게 원형으로 찍어 묻힌다. 2) 볼록한 모양이 되도록 10~12씩 팬닝한다.	
2차발효	1) 온도=35~38℃ 2) 습도=85% 3) 시간=30~35분	
굽기	1) 온도=190℃/150~160℃ 2) 시간=13~15분	

* 토핑용 소보로 제조법

1) 마가린을 부드럽게 풀어준다.
2) 설탕, 소금, 물엿, 땅콩버터를 넣고 크림 상태로 만든다.
3) 달걀을 2~3회로 나누어 섞는다.
4) 체로 친 중력분, 탈지분유, 베이킹파우더를 넣고 반죽이 뭉치지 않게 보슬보슬한 상태로 만든다.

05 단과자빵 Sweet Dough Bread

(1) 배합표

재료	%	g
강력분	100	900
물	47	422
이스트	4	36
제빵개량제	1	8
소금	2	18
쇼트닝	10	90
탈지분유	3	26
달걀	20	180
설탕	12	108
계	199	1788

(2) 제조공정 (스트레이트법)

믹싱	쇼트닝을 제외한 모든 재료를 믹서 볼에 넣고 클린업 단계에서 쇼트닝을 넣는다.
	1) 최종단계 전기까지 믹싱 2) 반죽온도=27℃
1차발효	반죽의 표피가 매끄럽게 되도록 만들어
	1) 온도=27℃ 2) 습도=75~80% 3) 발효시간=70~80분
분할	1) 50g씩 분할 2) 둥글리기
중간발효	반죽 표면이 마르지 않도록 비닐을 덮어 실온에서 10~15분
정형	1) 8자 = 25cm 2) 달팽이형 = 30cm 한쪽을 비스듬히 얇게 밀어 편 다음 굵은 쪽을 중심으로 돌려 감는다. * 반죽 두께를 일정하게 밀어 각각 12개씩 만든다.
2차발효	1) 온도=35~38℃ 2) 습도=85% 3) 시간=30~35분 4) 정형된 모양이 유지되도록 2차발효를 많이 하지 않는다.
굽기	1) 온도=190℃/150℃ 2) 시간=10~12분 3) 팬을 돌려 제품 색을 균일하게 한다.

06 맘모스빵 Mammoth Bread

(1) 배합표

재료	%	g
강력분	100	1000
설탕	18	180
버터	15	150
소금	2	20
탈지분유	2	20
달걀	18	180
이스트	4	40
물	45	450
제빵개량제	2	20
계	206	2060

(2) 제조공정 (스트레이트법)

믹싱	유지를 제외한 모든 재료를 믹서 볼에 넣고 클린업 단계에서 유지를 넣는다.	
	1) 최종단계까지 믹싱 2) 반죽온도=27℃	
1차발효	반죽의 표피가 매끄럽게 되도록 만들어	
	1) 온도=27℃ 2) 습도=75~80% 3) 발효시간=60~80분	
분할	1) 80g씩 분할 2) 둥글리기	
중간발효	반죽 표면이 마르지 않도록 비닐을 덮어 실온에서 10~20분	
정형	1) 앙금(40g)을 포앙하고 휴지를 준 상태에서 반죽이 터지지 않도록 타원형(15~18cm)으로 밀어 편다. 2) 팬닝을 하고 *소보로를 골고루 토핑한다.	
2차발효	1) 온도=35~38℃ 2) 습도=80~85% 3) 시간=30~40분	
굽기	1) 온도=200℃/160℃ 2) 시간=10~15분 3) 냉각 후 제품에 사과잼(50g)을 바르고 샌드한다.	

07 아몬드 크림빵 Almond Cream Bun

(1) 배합표

재료	%	g
강력분	100	1000
물	45	450
이스트	4	40
제빵개량제	1	10
설탕	18	180
소금	2	20
달걀	18	180
쇼트닝	12	120
탈지분유	3	30
계	203	2030

* 아몬드 크림 제조법

재료	%	g
버터	100	500
설탕	20	100
물	5	25
아몬드 프랄리네	20	100
계	145	725

*** 아몬드 크림 제조법**
1) 설탕, 물을 끓여 시럽을 만든다.
2) 버터를 부드럽게 풀어 1)의 시럽을 넣고 휘핑한다.
3) 2)에 아몬드 프랄리네를 넣고 혼합하여 크림을 완성한다.

(2) 제조공정 (스트레이트법)

믹싱	유지를 제외한 모든 재료를 믹서 볼에 넣고 클린업 단계에서 유지를 넣는다. 1) 최종단계까지 믹싱 2) 반죽온도=27℃
1차발효	반죽의 표피가 매끄럽게 되도록 만들어 1) 온도=27℃ 2) 습도=75~80% 3) 발효시간=60~80분
분할	1) 50g씩 분할 2) 둥글리기
중간발효	반죽 표면이 마르지 않도록 비닐을 덮어 10~20분 실온에서 발효
정형	1) 반죽을 8~10cm로 길게 밀어 편다. 2) 윗면에 달걀물을 칠하고 아몬드 슬라이스를 뿌린다.
2차발효	1) 온도=35~38℃ 2) 습도=80~85% 3) 시간=50~60분
굽기	1) 온도=200℃/160℃ 2) 시간=10~15분 3) 냉각 후 반을 자르고 제조한 아몬드크림을 짤주머니에 넣고 짠다.

08 크림 치즈빵 Cream Cheese Bun

(1) 배합표

구분	재료	%	g
빵반죽	강력분	100	900
	이스트	3	27
	설탕	12	108
	소금	1.5	13.5
	버터	10	90
	달걀	16	144
	물	43	387
	다진 호두	25	225
	계	210.5	1894.5
충전물	크림치즈	110	990
	설탕	6	54
	통호두	–	20개

(2) 제조공정 (비상 스트레이트법)

믹싱	유지를 제외한 모든 재료를 믹서 볼에 넣고 클린업 단계에서 유지를 넣는다. 1) 마지막 단계에 다진 호두를 넣고 최종단계까지 믹싱한다. 2) 반죽온도=27℃	
1차발효	반죽의 표피가 매끄럽게 되도록 만들어 1) 온도=27℃　2) 습도=75~80%　3) 발효시간=40~50분	
충전물제조	크림치즈, 설탕을 부드럽게 섞어준다.	
분할	1) 80g씩 분할　2) 둥글리기	
중간발효	반죽 표면이 마르지 않도록 비닐을 덮어 10~15분 실온에서 발효	
정형	1) 반죽을 손으로 눌러 가스를 제거하고 크림치즈 40g을 포앙한다. 2) 크림이 밖으로 나오지 않도록 오므려 붙인 후 　이음매가 바닥으로 가도록하고 윗면을 살짝 눌러 팬닝한다.	
2차발효	1) 온도=35~38℃　2) 습도=80~85%　3) 시간=30~40분 4) 발효 후 통호두를 가운데에 올려 다른 팬으로 윗면을 누른다.	
굽기	1) 온도=200℃/180℃　2) 시간=15분	

09 양파 카레빵 Onion Curry Bread

(1) 배합표

구분	재료	%	g
빵반죽	강력분	80	1200
	중력분	20	300
	설탕	10	150
	이스트	3	45
	버터	4	60
	제빵개량제	1	15
	물	40	600
	소금	2	30
	달걀	10	150
	카레가루	2	30
	파슬리	0.5	7.5
	계	172.5	2587.5

토핑	양파	20	300
	마요네즈	10	150
	피자치즈	5	75
	카레	2	30

* 그릇에 모든 재료를 넣고 혼합한다.

(2) 제조공정 (스트레이트법)

믹싱	유지를 제외한 모든 재료를 믹서 볼에 넣고 클린업 단계에서 유지를 넣는다.
	1) 최종단계까지 믹싱 2) 반죽온도=27℃
1차발효	반죽의 표피가 매끄럽게 되도록 만들어
	1) 온도=27℃ 2) 습도=75~80% 3) 발효시간=40~60분
분할	1) 200g씩 분할*2 2) 둥글리기
중간발효	반죽 표면이 마르지 않도록 비닐을 덮어 10~15분 실온에서 발효
정형	1) 반죽을 타원형으로 길게 접어 민다. 2) 파운드팬에 2개를 겹쳐 팬닝한다. 3) 옴폭 들어간 반죽 가운데에 토핑물을 올린다.
2차발효	1) 온도=35~38℃ 2) 습도=80~85% 3) 2차발효의 종점은 식빵 팬의 1cm 낮게 발효시킨다.
굽기	1) 온도=160℃/200℃ 2) 시간=30~35분

10 멜론빵 Melon Bun

(1) 배합표

구분	재료	%	g
빵반죽	강력분	70	700
	중력분	30	300
	설탕	15	150
	물	45	450
	소금	1.6	16
	이스트	4	40
	달걀	10	100
	탈지분유	3	30
	제빵개량제	2	20
	버터	15	150
	계	195.6	1956

* 토핑물

구분	재료	%	g
토핑물	박력분	75	750
	설탕	38	380
	버터	23	230
	달걀	15	150
	베이킹파우더	0.6	6
	계	151.6	1516

* 토핑물 만들기

1) 버터를 부드럽게 풀어주고 설탕을 넣고 혼합한다.
2) 달걀을 2~3회 나누어 섞어 준다.
3) 체로 친 박력분과 베이킹파우더를 넣고 주걱으로 가볍게 섞어준다.

(2) 제조공정 (스트레이트법)

믹싱	유지를 제외한 모든 재료를 믹서 볼에 넣고 클린업 단계에서 유지를 넣는다. 1) 최종단계까지 믹싱 2) 반죽온도=27℃	
1차발효	반죽의 표피가 매끄럽게 되도록 만들어 1) 온도=27℃ 2) 습도=75~80% 3) 발효시간=40~50분	
분할	1) 반죽=50g, 토핑=30g 분할 2) 둥글리기	
중간발효	반죽 표면이 마르지 않도록 비닐을 덮어 10~15분간 실온에서 발효	
정형	1) 반죽을 원형 둥글리기를 하여 팬닝 2) 토핑물을 반죽 길이로 밀어 모양(##)을 내주고 반죽 위에 올려 설탕을 묻힌다. * 토핑물은 비닐을 이용하면 작업성이 좋다.	
2차발효	1) 온도=35℃ 2) 습도=80% 3) 시간=30~40분	
굽기	1) 온도=190℃/150℃ 2) 시간=10~15분	

11 뺑 오 프로마주 Pain au Fromage

(1) 배합표

재료	%	g
강력분	100	1000
설탕	5	50
버터	15	150
이스트	3.5	35
달걀	18	180
물	30	300
소금	2	20
우유	15	150
롤치즈	25	250
후추	0.2	2
계	213.7	2137

(2) 제조공정 (스트레이트법)

믹싱	유지를 제외한 모든 재료를 믹서 볼에 넣고 클린업 단계에서 유지를 넣는다. 1) 저속=2분, 중속=5분+유지투입, 저속=3분, 중속=8분 후 마지막에 롤치즈 투입 2) 반죽온도=27℃
1차발효	반죽의 표피가 매끄럽게 되도록 만들어 1) 온도=27℃ 2) 습도=75~80% 3) 발효시간=80~90분
분할	1) 250g씩 분할 2) 둥글리기
중간발효	반죽 표면이 마르지 않도록 비닐을 덮어 10~20분 실온에서 발효
정형	1) 손으로 눌러서 가스를 빼주면서 타원형 모양으로 성형한다. 2) 팬에 이음매를 바닥으로 가게하고 중력분을 체로 뿌린 후 칼집을 낸다.
2차발효	1) 온도=35℃ 2) 습도=80% 3) 시간=50~60분
굽기	1) 온도=210℃/190℃ = 스팀 5초, 10분 후 200℃/190℃로 낮춘다. 2) 시간=25분

각종 스위트 롤 Sweet Rolls

스위트 롤은 미국의 단과자빵류로서 여러 종류의 충전물과 모양에 따라서 제품이 다양하게 만들어지며 제품의 모양에 따라서 그 이름 또한 달리 불린다.

스위트 롤의 반죽 방법은 일반 빵 반죽법과 동일한 경우가 대부분이지만 배합비율표에 설탕과 유지량이 많이 사용되므로 크림법으로 반죽하는 경우도 있다. 크림법으로 반죽을 할 경우에는 설탕, 소금, 유지를 믹서 볼에 넣고 유지를 부드럽게 만든 후 달걀을 2~3회에 나누어 넣으면서 크림상태로 만들고 액체 재료를 모두 첨가한 후 마지막에 밀가루를 넣고 반죽을 완료하는 방법이다.

이때 반죽기에는 비터(Beater)를 사용한다.

〈배합표〉

재료명	사용범위(%)	실제제조(%)	제조공정(스트레이트법)
강력분	60~100	80	① 반죽시간 : 저속=2분, 중속=4분 후, 유지투입, 저속=2분, 중속=8분
중력분	0~40	20	② 반죽온도 : 26℃~28℃
물	40~50	45	③ 1차발효 : 온도 27℃,
이스트	4~7	5	습도 80%,
이스트 푸드	0~0.3	0.2	시간 60~70분
소금	1.5~2	2	④ 분할 : 모양에 따른 분할량 조절.
설탕	14~20	20	⑤ 정형 : 여러 종류의 모양에 따라서 두께 및 크기를 달리해야 한다.
마가린	14~24	20	⑥ 2차발효 : 온도 35~40℃,
탈지분유	3~5	3	습도 85%,
바닐라 향	0~0.5	0.1	시간 약 30분 정도
메이스	0.2~0.3	0.2	⑦ 굽기 : 온도 200~220℃,
달걀	10~24	15	시간 10~15분

(1) 스위트 롤의 정형 방법

1) 비엔나 커피케이크 (Vienna Coffee Cake)

① 60~70g 정도로 분할하여 장방형으로 밀어 편다.

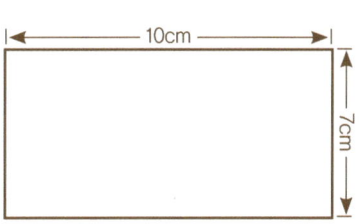

② 밀어 편 반죽위에 충전물을 골고루 바른다.

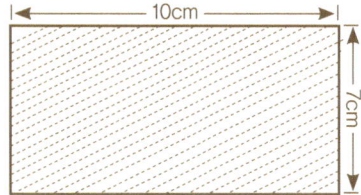

③ 한쪽부터 말기 시작하여 끝까지 말기를 한 다음 끝부분은 완전히 봉한다.

④ 둥그렇게 말은 반죽은 봉한 부분이 철판 바닥으로 향하게 놓고 윗부분은 양쪽 끝을
   1cm정도 남겨두고 자르기를 한다.

⑤ 자르기가 끝나면 반죽속의 충전물이 보이도록 약간 벌려준다.

⑥ 2차발효 후 굽기전에 달걀물칠을 하고 굽기를 한다.

⑦ 굽기가 끝나면 시럽을 바르고 그 위에 퐁당을 바르거나 또는 과일이나 견과류 등을 잘
   게 썰어서 그 위에 골고루 뿌려준다.

2) 초콜릿링 (Chocolate Ring)

초콜릿 링의 충전물은 초콜릿이 주재료인데 만약 다른 충전물을 사용할 경우에는 제품의
이름을 달리한다.

① 비엔나 커피케이크처럼 밀어 편 반죽 위에 충전물을 골고루 바르고 둥그렇게 말기를 한
   다음 자르기를 하는 것은 똑같다.

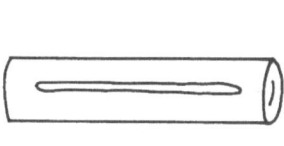

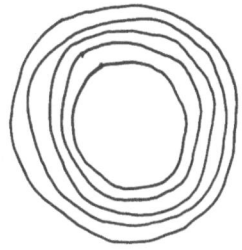

② 그림처럼 정형된 반죽은 케이크 팬이나 은박 접시위에 놓고 2차발효를 시킨다.

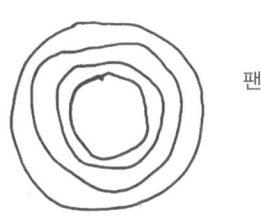

팬닝 후의
모양

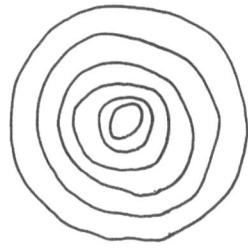

굽기가
끝난 후의
모양

③ 이후의 방법은 비엔나 커피케이크와 동일하다.

3) 하트 커피케이크

① 비엔나 커피케이크와 같이 성형을 하여 그림과 같이 구부린다.

② 구부린 반죽을 철판에 올려놓고 그림과 같이 모양을 낸 다음 반죽을 잘라 충전물을 볼
수 있도록 약간 넓혀준다.

③ 2차발효, 굽기는 비엔나 커피케이크와 같은 요령이다.

4) 사과 커피케이크 (Apple Coffee Cake)

이 제품의 모양은 말발굽형으로 정형을 한다.

① 분할된 반죽을 그림과 같이 밀어 펴기를 한다.

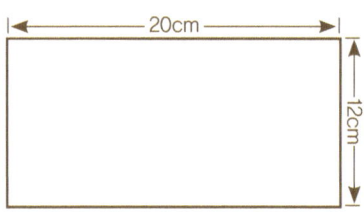

② 밀어 편 반죽 상면에 사과 충전물을 골고루 바른다.

③ 충전물을 골고루 바른 반죽을 둥그렇게 말은 다음
끝부분을 완전히 봉하고 철판 위에 올려놓고
윗면을 그림과 같이 자르기를 한다.

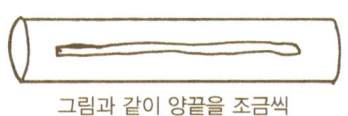

그림과 같이 양끝을 조금씩
남기고 자르기를 한다

④ 자르기를 한 반죽은 충전물이 밖으로 보이게 약간 넓혀 준
다음 그림과 같이 말굽형으로 만든다.

⑤ 정형이 끝나면 2차발효를 하고 달걀물칠을 한 후 굽기를 한다. 굽기가 끝나면 제품 상
면에 각종 과일시럽을 바르고 견과류나 퐁당 등으로 아이싱을 한다.

5) 땅콩버터 커피케이크 (Peanut Butter Coffee Cake)

① 150g 이나 200g 정도로 분할을 해서
그림과 같이 장방형으로 밀어 펴기를 한다.

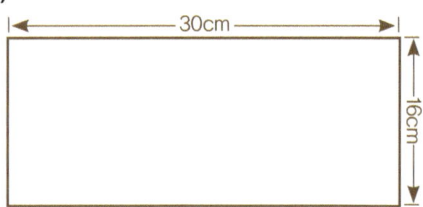

② 밀어 편 반죽 위에 땅콩버터를 골고루 바르고 그림과 같이 둥그렇게 만든 다음 끝부분을 완전히 봉한다.

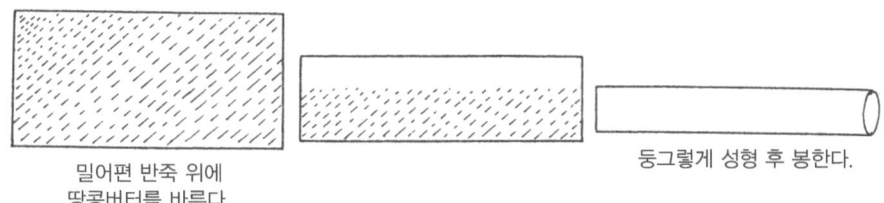

밀어편 반죽 위에
땅콩버터를 바른다.

둥그렇게 성형 후 봉한다.

③ 둥그렇게 말은 것을 원 모양으로 성형을 한 다음 그림과 같이 2번을 약간 넓혀 1번을 2번 안에 넣고 봉한다.

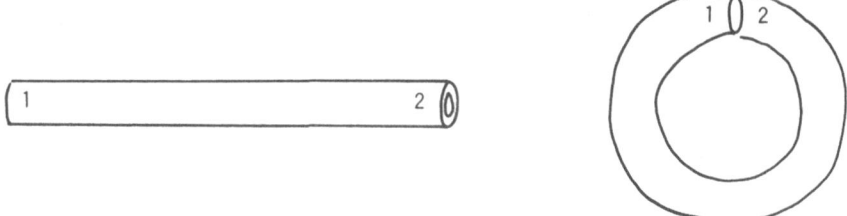

④ 정형된 것을 철판 위에 넣고 그림과 같이 직사각형으로(약 20cm×15cm) 만든 후 자르기를 한다.

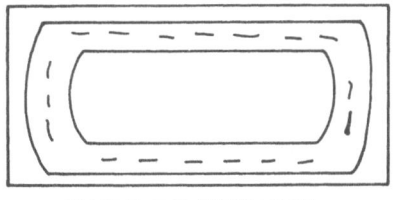

점선으로 그은 구분을 자른다.

⑤ 이후의 제조방법은 비엔나 커피케이크와 동일하다.

6) 파인애플 스위트 롤(Pineapple Sweet Roll)

① 분할 된 반죽을 가로 20cm, 세로 20cm 정도로 밀어펴기를 한다.

② 밀어 편 반죽 중앙 부분에 그림과 같이 파인애플 충전물을 올려놓는다.

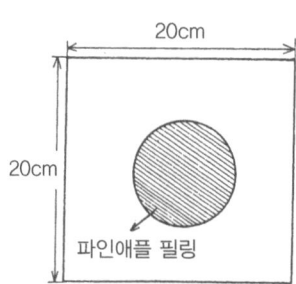

③ 그림 A,B,C 에 있는 번호대로 접기를 한다.

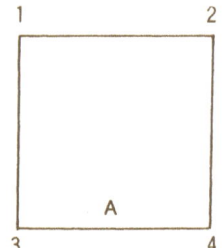 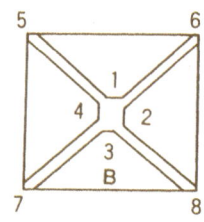 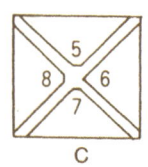

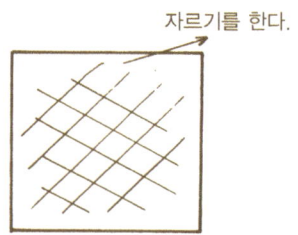

④ 2번 접기를 한 다음 접기한 윗부분이
    밑으로 향하게 하여 철판에 놓고 그림과 같이
    칼을 사용하여 자르기를 한다.

⑤ 정형 후 사각형으로 된 팬을 사용하여 팬닝을 하면 제품의 모양이 일정하다.
⑥ 제품이 완성되면 표면에 시럽을 바르고 견과류 등으로 장식을 한다.

7) 시나몬 브레첼 (Cinnamon Bretzel)

① 300g~500g 정도로 분할을 해서 직사각형으로 밀어 편 다음 그 위에 계피설탕 충전물
    을 2/3 정도 골고루 뿌린 다음 3겹으로 포개서 접는다.

 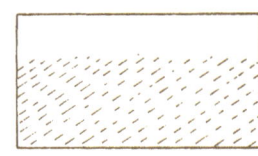 

2/3정도 계피설탕을 뿌린다.   한번 접기를 하고   다시한번 접기를 한다.
                              달걀물칠을 한다.

② 3번 접기가 끝나면 끝부분은 봉하기를 한 다음 윗면이 평평하게 되도록 밀대로 약간
    밀어 준다.
③ 밀어 편 반죽을 폭이 1cm~1.5cm 정도, 길이는 10cm~15cm 정도가 되도록 자른다.

폭 : 1cm~1.5cm
길이 : 10cm~15cm

④ 자르기를 한 반죽을 비틀어서(twist) 그림과 같은 모양으로 정형을 한다.

⑤ 굽기 전에 달걀물칠을 하고 굽는다.

⑥ 오븐에서 나오면 시럽을 바르고 아몬드를 제품 상면에 뿌린다.

⑦ 티 링(Tea Ring)의 제품도 시나몬 브레첼과 같은 방법으로 제조를 한 다음 정형을 할
때에는 둥그런 모양을 만든다.

8) 아몬드 커피케이크 (Almond Coffee Cake)

① 200g 정도 분할을 하여 길이 30cm, 폭 15cm 정도의 장방형으로 밀어 편 다음
아몬드 충전물을 골고루 바른다.

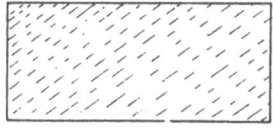

길이 : 30cm, 폭 15cm

② 밀어 편 반죽을 그림과 같이 A에서 B까지 둥그렇게 말기를 한 다음 한쪽 끝 부분을 약
간 넓혀서 다른 한쪽을 끼워 넣고 완전히 봉한다.

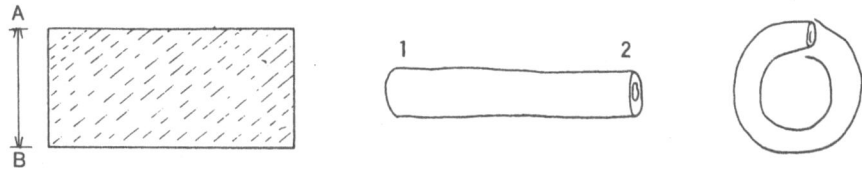

③ 둥그렇게 성형한 반죽을 철판 위에 놓고 그림과 같이 가위로 자르기를 하면서 지그재그 식으로 한쪽은 왼쪽, 한쪽은 오른쪽으로 놓는다.

④ 또 다른 방법으로는 원형으로 만들지 말고 길게 늘어 편 다음 그림과 같이 가위로 자르고 서로 엇갈려 놓는다.

9) 브레이드 (Braid)

① 300g 정도 분할하여 그림과 같이 길이 30cm, 폭 21cm 정도가 되게 장방형으로 밀어 펴기를 한다.

② 밀어 편 반죽 위에 그림과 같이 2/3 정도에 충전물을 골고루 바르고 1번을 접고 그 위에 달걀물을 칠한 한 후 3번을 다시 올려놓는다.

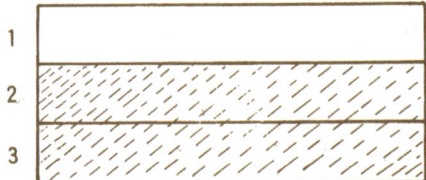

③ 세 번으로 접기를 한 반죽은 길이 33cm, 폭 9cm 정도로 다시 한 번 밀어펴기를 한 다음 3등분으로 자르기를 한다.

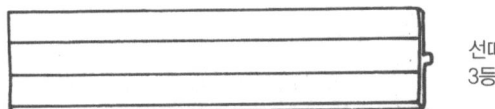

선따라 일정하게
3등분으로 자른다.

④ 3등분으로 자른 반죽을 그림과 같이 3겹으로 꼰다.

⑤ 정형이 된 반죽은 철판에 올려놓고 굽기를 하든가 또는 파운드 팬 같은 것을 사용하여 팬닝을 하면 모양이 일정하게 되어 좋다. 이때 2차발효는 충분히 시켜주는 것이 바람직하며 굽기 전에 달걀물을 칠한다.

⑥ 이후의 공정은 비엔나 커피케이크와 동일하다.

10) 치즈링(Cheese Ring)

① 300g 정도 분할하여 길이 35cm, 폭 18cm 정도로 밀어 편 다음 그림과 같이 치즈 충전물을 반죽 표면에 골고루 바른다.

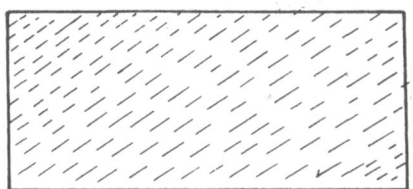

길이 : 35cm
폭 : 18cm

② 그림과 같이 A에서 B까지 말아 올린 다음 한쪽 끝 면을 약간 넓히어 다른 쪽 한면을 그 안에 넣고서 봉한다.

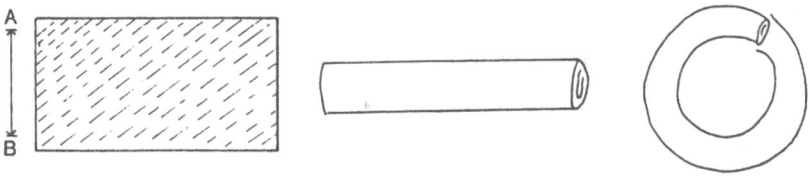

③ 정형이 끝나면 그림과 같이 반죽 윗면에 칼로 자르기를
   한다. 완성이 된 제품을 은박접시 위에 놓고 2차발효를
   충분히 시킨 후 달걀물칠을 하고 굽기를 한다.

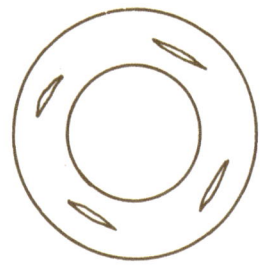

④ 이후의 제품 장식은 다른 커피케이크와 동일하게 여러 가지로 응용하여 마무리를 한다.

11) 인터레이스 (Interlace)

① 300g 정도 분할하여 길이 30cm, 폭 20cm 정도로
   밀어 펴기를 한다.
② 그림과 같이 밀어 편 반죽의 중앙 부분에 각종 과일
   충전물을 올려 놓는다.

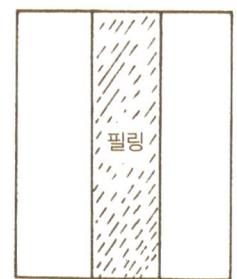

③ 그림과 같이 대각선으로 스크레이퍼를 이용하여 충전물이 있는 부분까지 자르기를 한
   다. 자르기가 끝나면 그림의 번호 별로 중앙부분의 충전물 윗면으로 접기를 한다.

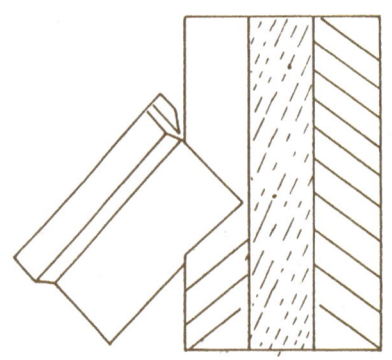 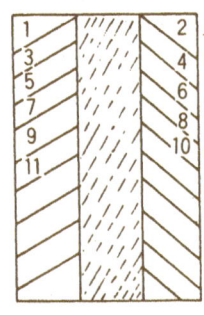

④ 그림과 같이 접기가 끝나면 철판에 올려놓고 윗면을 약간 평평하게 만든다.

⑤ 2차발효를 충분히 시키고 굽기 전에 달걀물칠을 한다.
⑥ 굽기 후 제품 표면에 시럽, 잼 등을 바르고 견과류 등으로 마무리를 한다.

12) 말 발굽형 (Horseshoe Shape)

①300~500g 정도 분할을 하여 길이 30cm, 폭 22cm 정도의 장방형으로 밀어펴기를 한다. 밀어 편 반죽 상면에 각종 충전물을 2/3 정도 바른다.

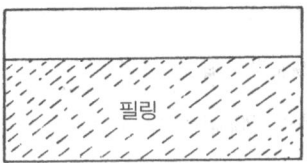

② 그림과 같이 A를 B위에 올려놓고 달걀물칠을 한 후 C를 A와 B위에 올려 놓는다. 그리고 반죽 윗면이 평평하게 되도록 밀대를 사용하여 약간 밀어펴기를 해 준다.

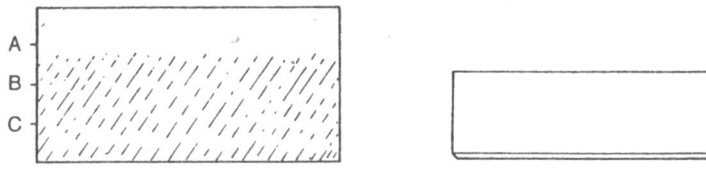

③ 접기를 끝낸 반죽은 철판 위에 올려놓고 말발굽과 같은 모양을 만든다. 그리고 일정한 간격을 유지하면서 반죽 중앙부분까지 스크레이퍼 또는 칼을 사용하여 그림과 같이 자르기를 한다.

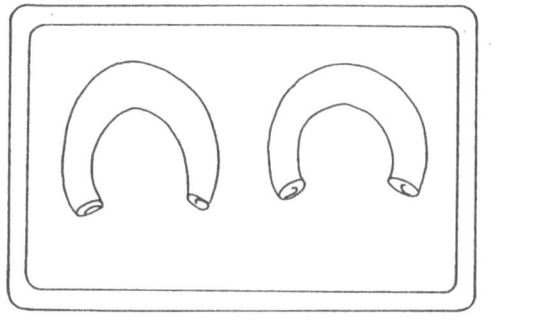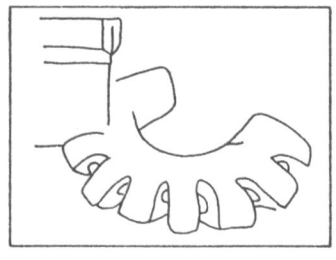

④ 이후의 공정은 비엔나 커피케이크와 동일하다.

13) 데니시 커피케이크 (Danish Coffee Cake)

이 반죽으로 여러 가지 모양을 만들 수 있는 것이 특징이며 분할은 약 1kg 정도로 하여 폭이 60cm 정도 되게 길게 밀어 편 다음 2/3정도 충전물을 바르고 3겹으로 접기를 한다. 다시 폭이 20cm정도 되도록 밀어 펴기를 한 후 폭 1~1.5cm 정도, 길이 20cm로 자르기를 한 후 다음과 같이 모양을 만든다.

① 그림과 같이 자르기를 하여 비틀어 준다.

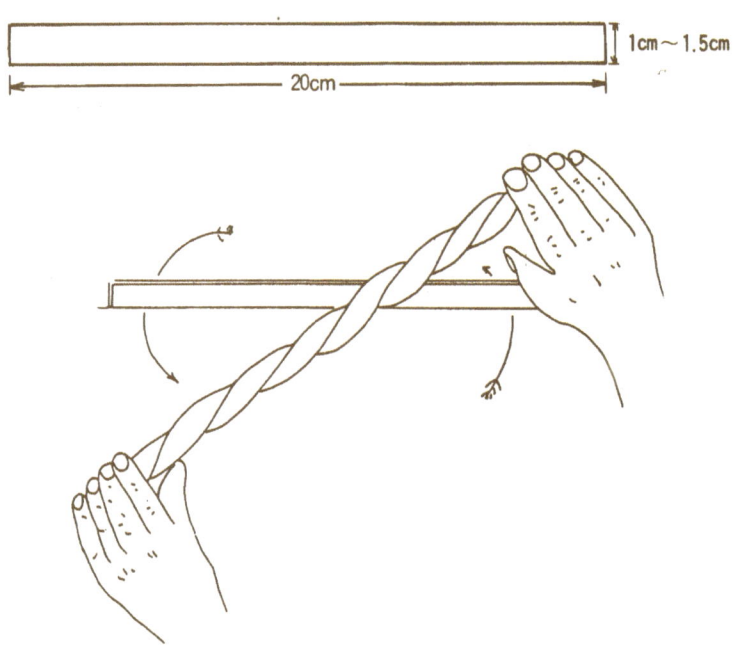

② 그림과 같이 성형을 하여 철판에 놓고 2차발효를 시킨다.

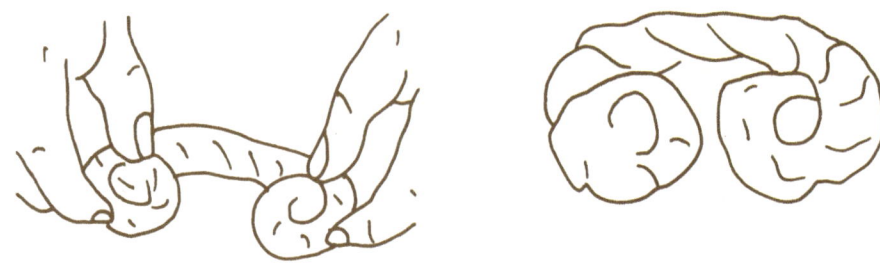

③ 그림과 같이 달팽이(snail) 모양으로 만든다.

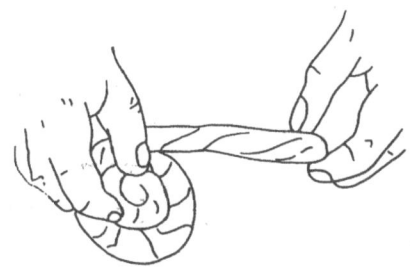

달팽이 모양으로 성형을 한다.

끝부분은 반죽 밑으로 끼워 넣는다.

④ 달팽이가 양쪽으로 있는 모양(double snail)으로도 성형한다.

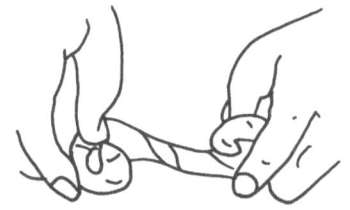

양끝을 잡고 엇갈리게 돌리면서
모양을 만든다.

완성된 모양

⑤ 브레첼(Bretzel)과 같이 성형하는 방법도 있다.

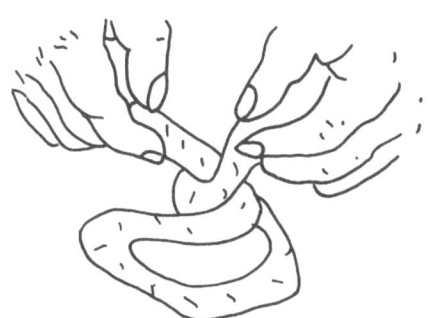

양끝을 손으로 잡고 2~3회 꼰 다음
위로 넘기어 반죽 끝부분을 중심부에 붙인다.

완성된 모양

14) 시나몬 롤(Cinnamon Roll)

① 1kg 정도를 분할하여 폭 30cm 정도가 되도록 길게 장방형으로 밀어 편 다음 계피설탕을 골고루 뿌리고 그림 A부터 시작하여 B까지 둥그렇게 말기를 한다. 그리고 폭이 3~4cm 정도로 일정하게 자르기를 한다.

일정하게 자르기를 한다.

② 그림과 같이 가로 65cm, 세로 45cm의 철판에 시나몬 롤을 54~60개 정도 일정한 간격을 두고 팬닝을 한다.

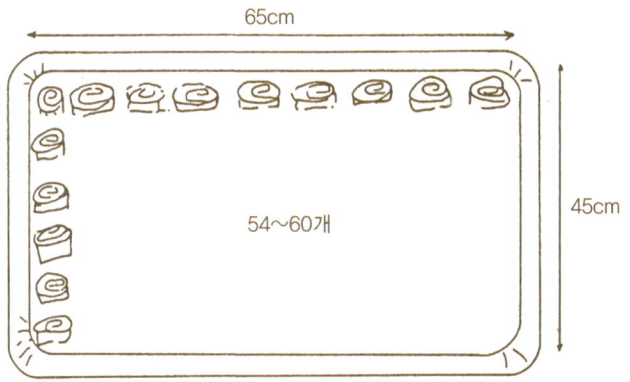

③ 그림과 같이 팬의 용적에 따라 분할량이 다르다.

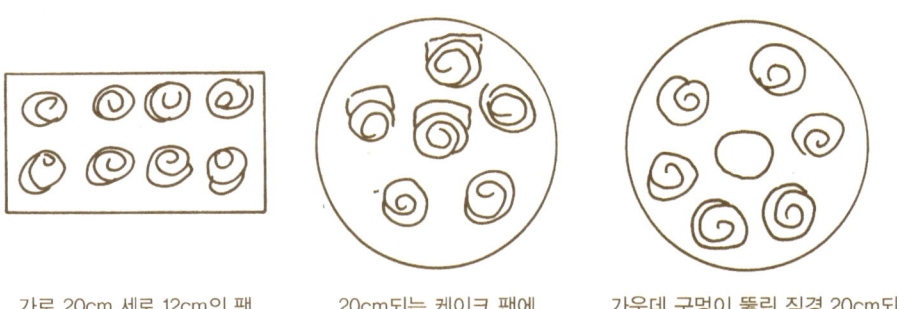

가로 20cm 세로 12cm의 팬 | 20cm되는 케이크 팬에 6~7개를 팬닝한다. | 가운데 구멍이 뚫린 직경 20cm되는 케이크 팬에 6개정도 팬닝한다.

15) 나비형 롤 (Butterfly Roll)

시나몬 롤의 반죽을 폭 7~8cm로 자르기를 한 다음 중앙부분을 그림과 같이 가느다란 나무막대기로 잘라지지 않을 정도로 눌러서 모양을 낸다.

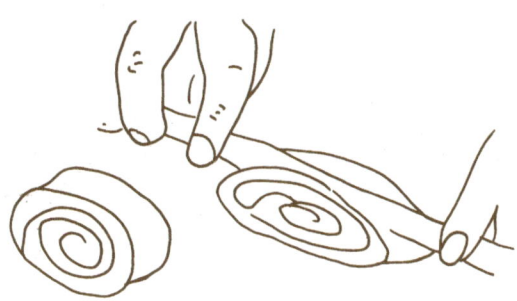

16) 바스켓 (Baskets)

바스켓의 모양도 시나몬 롤을 그림과 같이 분할하여 중앙부분까지 자르기를 한 후 펼쳐서 팬닝을 한다.

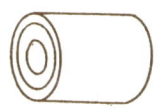

반죽의 중심까지
자르기를 한다.

반죽의 양끝을 손으로 잡고
양쪽으로 벌려 놓는다.

완성된 모양

17) 팜 리프 (Palm Leaf)

시나몬 롤의 반죽을 응용해서 만든 제품으로 성형하는 방법은 그림과 같다.

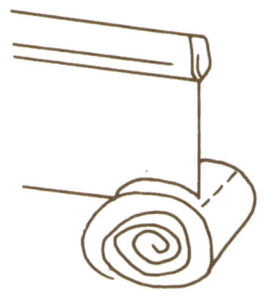

그림과 같이 한번은 ½정도 자르기를 하고
또 한번은 완전히 자르기를 한다.

약간 비틀어서 야자수
나무잎 모양으로 만든다.

18) 트리플 리프 (Triple Leaf)

시나몬 롤의 반죽을 사용하여 그림과 같이 두 번은 1/2로 자르기를 하고 세 번째에는 완전히 자르기를 하여 자르기 한 면을 벌려서 모양을 내든가 아니면 약간씩 비껴서 모양을 낸다.

그림과 같이 자르기를 한다.

손으로 양끝을 잡고 약간 당긴다.

한면이 바닥으로 향하게끔 놓는다.

또는 그림과 같이 약간 비껴서
놓는 방법도 있다.

19) 트위스트 (Twist)

① 반죽을 1kg 정도 분할을 하여 폭이 30cm,
   두께는 0.5cm로 길게 밀어펴기를 하고
   충전물을 2/3 정도만 골고루 바른 다음
   3겹 접기를 한다.

② 3겹 접기를 한 후 다시 폭이 4cm 정도 되게
   그림과 같이 자른다.

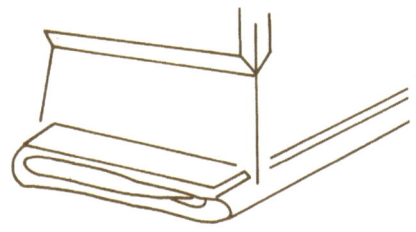

③ 그림과 같이 중앙부분을 자른다.

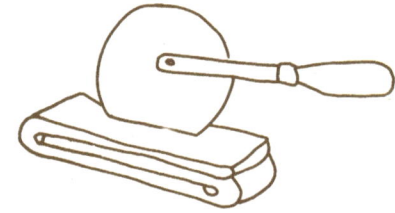

④ 자르기 후 그림과 같이 한쪽은 위에서 밑으로 다른 한쪽은 밑에서 위로 넣는다.

20) 팔랑개비형 (Paper Windmill Shape)

분할 된 반죽을 두께 0.5cm로 밀어펴기를 하고 가로 10cm, 세로 10cm 로 자르기를 한다.

① 중앙 부분에 2~3cm 정도를 남기고 네 모서리부터 중앙으로 자른다.

② 한쪽 면씩 중앙부위로 접어서 팔랑개비 모양을 만든다.

③ 철판에 팬닝을 한 후 달걀물을 칠하고 중앙부분에 토핑을 올려놓는다.

　토핑은 과일이 좋다.

④ 굽기가 끝나면 뜨거울 때 살구시럽을 바른 후 아이싱을 한다.

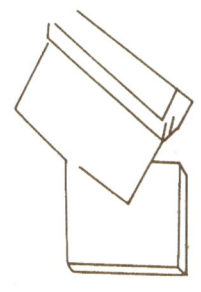

가로 10cm, 세로 10cm로 자른다.

중앙 부분에 2~3cm 정도
남겨놓고 사방으로
자르기를 한다.

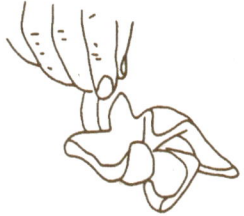

한쪽면씩 중앙부분 쪽으로
향해서 접기를 한다.

21) 열린 주머니형 (Open Poket)

팔랑개비 형과 똑같이 정방형으로 자르기를 하고 그림과 같이 만든다.

반죽의 중앙에 충전물을
올려놓는다.

그림과 같이 양끝을 두 군데만
가운데로 접어 놓는다.

완성된 모양

22) 베어스 크로우 (Bear's Claw)

① 분할 한 반죽을 폭 15cm로 길게 밀어펴기를 하고 중앙부분에 각종 충전물을 그림과 같이 올려놓는다.

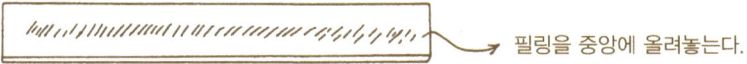

필링을 중앙에 올려놓는다.

② 그림과 같이 접기를 한다.

③ 그림과 같이 일정한 크기로 자르기를 한다.

④ 윗 그림에서 점선으로 된 부분을 간격이 일정하게 자르기를 한다.(곰의 발톱)

⑤ 굽기가 끝나면 식기 전에 시럽을 바르고 아이싱을 한다. 또한 상면에 아몬드를 뿌려도 좋다.

23) 체리 아몬드롤 (Cherry Almond Roll)

① 분할 한 반죽을 폭 20cm, 두께 0.5~0.6cm 정도로 길게 밀어펴기를 한 다음 그림과 같이 * 충전물을 두 군데로 나누어 바른 후 다진 〈체리〉를 뿌리고 번호대로 접기를 한다.

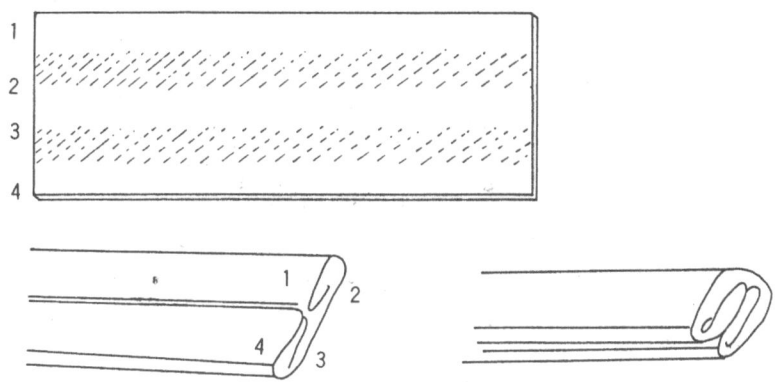

② 그림과 같이 폭 1.2cm로 자르기를 한다.

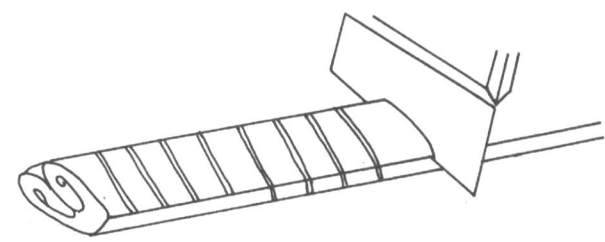

③ 자르기 한 것을 두 개를 포개어 완성한다.

* 아몬드 충전물(Almond Filling) 배합표

재료	%	g	제조공정
아몬드 페이스트	100	1000	1)아몬드 페이스트를 부드럽게 만든다.
버터	50	500	2)다른 용기에 유지,설탕,소금,계피가루를 넣고 부드럽게
쇼트닝	50	500	섞은 후 흰자를 넣으면서 〈크림〉상태로 만든다.
설탕	120	1200	
소금	1	10	3)2)를 1)에 넣고 골고루 섞은 다음 물을 넣는다.
계피가루	2	20	4)마지막에 〈케이크 크림〉을 넣고 부드럽게 될 때까지 섞는다.
계란 흰자	20	200	
물	50	500	* 케이크 가루는 가급적 잘게 부수어 체에 걸러서 사용하며,
케이크 크림	150	1500	너무 건조하면 물 사용량을 조절한다.
* 잘게 썬 건포도나 과일을 첨가하면 더욱 좋다.			
* 각종 스위트롤, 데니시 페이스트리, 빵도넛에 널리 사용된다.			

24) 하트 (Heart)

① 분할 한 반죽을 폭 20cm, 두께 0.5cm 정도로 길게 밀어 편 후 아몬드 충전물을 1/2 정도만 바른다. 그리고 반으로 접기를 한 후 그림과 같이 성형을 한다.

② 일정한 크기로 자르기를 한다.

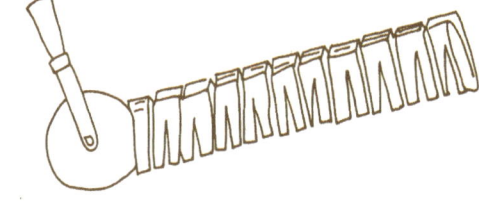

③ 그림과 같이 번호대로 접기를 하여 완성한다.

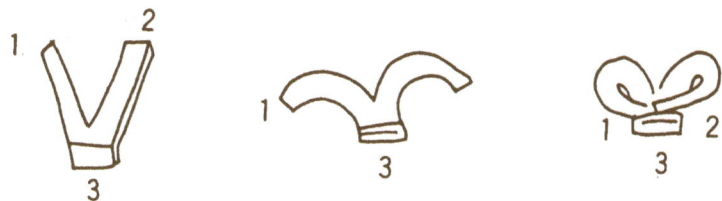

25) 오픈 턴오버 (Open Turnover)

팔랑개비형과 같이 분할을 하여 그림과 같이 모양을 낸다.

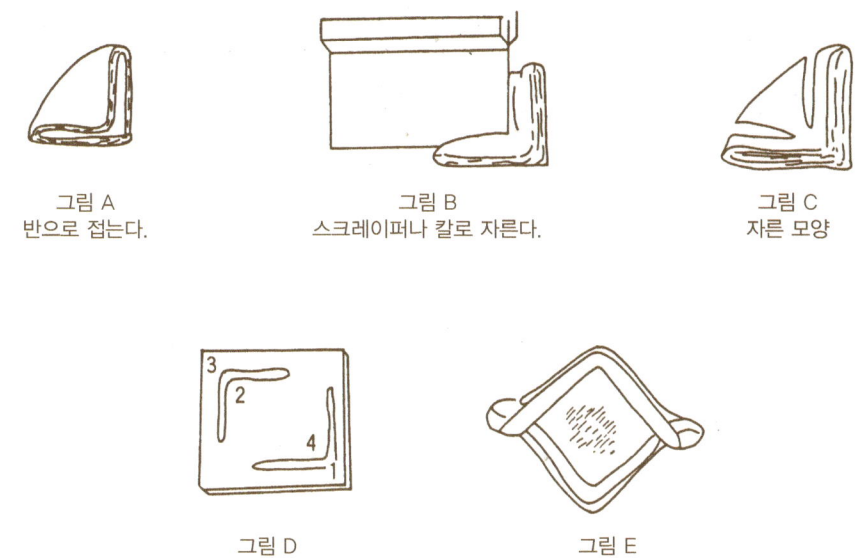

그림 A	그림 B	그림 C
반으로 접는다.	스크레이퍼나 칼로 자른다.	자른 모양

그림 D

그림 E

그림 D에 표시한 번호 1번을 3번으로, 3번을 1번으로 바꾸어 놓고 중앙에 충전물을 올려놓고 발효를 시킨 후 굽기를 한다.

12 스위트 롤 Sweet Roll

(1) 배합표

구분	재료	%	g
빵반죽	강력분	100	900
	물	46	414
	이스트	5	45(46)
	제빵개량제	1	9(10)
	소금	2	18
	설탕	20	180
	쇼트닝	20	180
	탈지분유	3	27(28)
	달걀	15	135(136)
	계	212	1908(1912)

구분	재료	%	g
계피 설탕	설탕	15	135(136)
	계피가루	1.5	13.5(14)

* 설탕, 계피가루를 혼합한다.

(2) 제조공정(스트레이트법)

믹싱	쇼트닝과 충전용 재료를 제외한 모든 재료를 믹서 볼에 넣고 클린업 단계에서 쇼트닝을 넣는다. 1) 최종단계까지 믹싱 2) 반죽온도=27℃	
1차발효	반죽의 표피가 매끄럽게 되도록 만들어 1) 온도=27℃ 2) 습도=80% 3) 발효시간=60~70분	
정형 1	1) 밀대를 이용하여 반죽의 가스를 제거하면서 사각형 모양으로 밀어 편다. 2) 폭=30cm, 두께=0.5cm의 직사각형으로 밀어 편 후 가장자리 1cm를 남기고 녹인 버터를 두껍지 않게 바른다. 3) 충전용 계피설탕을 반죽 위에 뭉치지 않게 뿌려준다. 4) 가장자리에 물을 칠하고 공기가 들어가지 않게 단단하게 말아준다.	
정형 2	1) 야자잎=폭 4cm 길이로 잘라 가운데 2/3만 잘라 엇갈려 펴서 야자잎 모양으로 12개를 만든다. 2) 트리플 리프=폭 5cm 길이로 잘라 3등분하여 2/3만 잘라 양쪽 부분만 잡고 양쪽으로 펴 9개를 만든다. 3) 시나몬 롤=2cm 길이로 잘라 팬닝 4) 말발굽=15cm 길이로 잘라 8등분하여 2/3만 잘라 U자 모양으로 펴준다.	야자잎 트리플리프
2차발효	1) 온도=35~38℃ 2) 습도=85% 3) 시간=25~30분	
굽기	1) 온도=190℃/150~160℃ 2) 시간=10~12분	시나몬롤

13 허니롤 Honey Roll

(1) 배합표

재료	%	g
강력분	100	1000
물	53	530
이스트	2.5	25
제빵개량제	1	10
소금	2	20
꿀	10	100
버터	13	130
탈지분유	3	30
설탕	4	40
달걀	10	100
계	198.5	1985

* 허니소스 제조법

재료	%	g
버터	100	500
설탕	50	250
노른자	40	200
연유	60	300
꿀	20	100
계	270	1350

* 허니소스 제조법

1) 버터를 용해시킨다.
2) 나머지 재료를 넣고 1)번과 함께 혼합한다.

(2) 제조공정 (스트레이트법)

믹싱	유지를 제외한 모든 재료를 믹서 볼에 넣고 클린업 단계에서 유지를 넣는다. 1) 저속 2분, 중속 5분, 유지투입, 저속 2분, 중속 12분 2) 반죽온도=26℃	
1차발효	반죽의 표피가 매끄럽게 되도록 만들어 1) 온도=27℃ 2) 습도=75~80% 3) 발효시간=80~90분	
분할	1) 50g씩 분할 2) 둥글리기	
중간발효	반죽 표면이 마르지 않도록 비닐을 덮어 10 ~15분 실온에서 발효	
정형	1) 손으로 눌러서 가스를 빼주면서 타원형 모양으로 성형한다. 2) 팬에 이음매가 바닥으로 가도록 팬닝한다.	
2차발효	1) 온도=35℃ 2) 습도=85% 3) 시간=40~45분	
굽기	1) 온도=200℃/160℃ 2) 시간=10~12분 3) 굽기 전에 허니소스를 바른다.	

14 감자롤 Potato Roll

(1) 배합표

재료	%	g
강력분	100	1000
삶은 감자	50	500
물	50	500
이스트	3	30
제빵개량제	1	10
소금	2	20
설탕	14	140
쇼트닝	15	150
탈지분유	3	30
달걀	15	150
계	253	2530

2) 제조공정 (스트레이트법)

믹싱	유지를 제외한 모든 재료를 믹서 볼에 넣고 클린업 단계에서 유지를 넣는다.
	1) 저속=2분, 중속=5분, 유지투입, 저속=2분, 중속=10분 2) 반죽온도=27℃
1차발효	반죽의 표피가 매끄럽게 되도록 만들어
	1) 온도=27℃ 2) 습도=75~80% 3) 발효시간=80~90분
분할	1) 50g씩 분할 2) 둥글리기
중간발효	반죽 표면이 마르지 않도록 비닐을 덮어 10~15분간 실온에서 발효
정형	1) 가스를 빼주면서 원형 모양으로 성형한다. 2) 이음매가 바닥으로 향하도록 팬닝한다.
2차발효	1) 온도=35℃ 2) 습도=85% 3) 시간=35~40분
굽기	1) 발효 후 가운데를 +로 잘라준다. 2) 온도=210℃/180℃ 3) 시간=10~12분

15 밀크롤 Milk Roll

(1) 배합표

재료	%	g
강력분	70	700
중력분	30	300
이스트	4	40
제빵개량제	1	10
설탕	15	150
달걀	15	150
소금	2	20
버터	12	120
연유(무당)	20	200
우유	25	250
계	194	1940

(2) 제조공정 (스트레이트법)

믹싱	유지를 제외한 모든 재료를 믹서 볼에 넣고 클린업 단계에서 유지를 넣는다. 1) 저속=2분, 중속=5분, 유지투입, 저속=2분, 중속=10분 2) 반죽온도=27℃	
1차발효	반죽의 표피가 매끄럽게 되도록 만들어 1) 온도=27℃ 2) 습도=75~80% 3) 발효시간=80~90분	
분할	1) 50~60g씩 분할 2) 둥글리기	
중간발효	반죽 표면이 마르지 않도록 비닐을 덮어 10~15분 실온에서 발효	
정형	1) 가스를 빼주면서 원형 모양으로 성형한다.	
2차발효	1) 온도=35℃ 2) 습도=85% 3) 시간=30~40분	
굽기	1) 온도=200℃/160℃ 2) 시간=10~12분 3) 제품이 식기 전에 용해된 버터를 바른다.	

16 녹차 코코넛빵 Green tea-Coconut Bread

(1) 배합표

구분	재료	%	g
빵반죽	강력분	100	1000
	설탕	15	150
	소금	1.2	12
	이스트	4	40
	버터	15	150
	녹차분말	1	10
	제빵개량제	0.5	5
	달걀	15	150
	물	40	400
	건포도	15	150
	호두	10	100
	계	216.7	2167

* 토핑물

구분	재료	%	g
토핑물	버터	15	150
	설탕	18	180
	달걀	15	150
	중력분	10	100
	코코넛 슈레드	12	120
	계	70	700

* 토핑물 제조법

1) 버터를 부드럽게 풀어준 후 설탕을 넣고 섞는다.
2) 달걀을 넣으면서 크림화 시킨다.
3) 중력분을 넣고 혼합 한 후 코코넛 슈레드를 넣고 완성

(2) 제조공정 (스트레이트법)

믹싱	유지를 제외한 모든 재료를 믹서 볼에 넣고 클린업 단계에서 유지를 넣는다. 1) 저속=2분, 중속=5분, 　유지투입, 저속=2분, 중속=8분 　마지막 단계에 건포도, 호두 투입 2) 반죽온도=27℃	
1차발효	반죽의 표피가 매끄럽게 되도록 만들어 1) 온도=27℃ 2) 습도=75~80% 3) 발효시간=30~40분	
분할	1) 150g씩 분할　2) 둥글리기	
중간발효	반죽 표면이 마르지 않도록 실온에서 비닐을 덮어 5~10분	
정형	1) 가스를 빼주면서 원형으로 둥글리기를 한 후 팬닝	
2차발효	1) 온도=35~38℃ 2) 습도=80~85% 3) 시간=40~50분 4) 2차발효가 끝나면 토핑물을 짤주머니에 담아 　원형으로 짜준다.	
굽기	1) 온도=190℃/160℃ 2) 시간=20분	

17 버터롤 Butter Roll

(1) 배합표

재료	%	g
강력분	100	900
설탕	10	90
소금	2	18
버터	15	135(134)
탈지분유	3	27(26)
달걀	8	72
이스트	4	36
제빵개량제	1	9(8)
물	53	477(476)
계	196	1764

2) 제조공정 (스트레이트법)

믹싱	버터를 제외한 모든 재료를 믹서 볼에 넣고 클린업 단계에서 버터를 넣는다. 1) 저속=2분, 중속=5분, 버터 투입, 저속=2분, 중속=10분 2) 반죽온도=27℃
1차발효	반죽의 표피가 매끄럽게 되도록 만들어 1) 온도=27℃ 2) 습도=75~80% 3) 발효시간=60분
분할	1) 50g씩 분할 2) 둥글리기
중간발효	반죽 표면이 마르지 않도록 비닐을 덮어 10~15분 실온에서 발효
정형	1) 반죽의 한 끝은 넓고 한 끝부분을 가늘게 올챙이 모양으로 성형하여 2) 밀대로 가스를 빼주면서 긴 삼각형 모양으로 밀어 번데기 모양으로 성형한다. 3) 달걀물을 칠한다.
2차발효	1) 온도=35~38℃ 2) 습도=85% 3) 시간=40분
굽기	1) 온도=190~195℃/150~160℃ 2) 시간=10~12분 3) 제품이 식기 전에 녹인 버터를 바른다.

18 햄버거빵 Hamburger Bun

(1) 배합표

재료	%	g
강력분	70	770
중력분	30	330
이스트	3	33
제빵개량제	2	22
소금	1.8	19.8(20)
마가린	9	99
탈지분유	3	33
달걀	8	88
물	48	528
설탕	10	110
계	184.8	2032.8

(2) 제조공정 (스트레이트법)

믹싱	마가린을 제외한 모든 재료를 믹서 볼에 넣고 클린업 단계에서 마가린을 넣는다. 1) 햄버거 전용 팬을 사용할 경우에는 **최종단계 후기까지 믹싱** 2) 평철판을 사용하면 〈**최종단계**〉 중기까지 믹싱 3) 반죽온도=27℃
1차발효	반죽의 표피가 매끄럽게 되도록 만들어 1) 온도=27℃ 2) 습도=75~80% 3) 발효시간=70~80분
분할	1) 60g씩 분할 2) 둥글리기
중간발효	반죽 표면이 마르지 않도록 비닐을 덮어 10~20분간 실온에서 발효
정형	1) 밀대를 사용하여 반죽의 가스를 제거 하고 지름 7~7.5cm정도 (완제품의 크기 10cm)의 원형으로 만든다. 2) 적당한 간격을 두고 팬닝한 후 윗면에 달걀물을 칠한다.
2차발효	1) 온도=35~38℃ 2) 습도=85% 3) 시간=30~40분
굽기	1) 온도=190℃/150℃ 2) 시간=10~12분

19 모카빵 Moccha Bread

(1) 배합표

구분	재료	%	g
빵반죽	강력분	100	850
	물	45	382.5(382)
	이스트	5	42.5(42)
	제빵개량제	1	8.5(8)
	소금	2	17(16)
	설탕	15	127.5(128)
	버터	12	102
	탈지분유	3	25.5(26)
	달걀	10	85(86)
	커피	1.5	12.75(12)
	건포도	15	127.5(128)
	계	209.5	1780.75 (1780)

* 토핑용 비스킷

구분	재료	%	g
토핑용 비스킷	박력분	100	350
	버터	20	70
	설탕	40	140
	달걀	24	84
	베이킹파우더	1.5	5.25(5)
	우유	12	42
	소금	0.6	2.1(2)
	계	198.1	693.35(693)

* 토핑용 비스킷 제조법

1) 스텐 볼에 버터를 부드럽게 풀어준다.
2) 설탕과 소금을 넣고 섞어준 후
   달걀을 2~3회 나눠 넣으면서 크림화 한다.
3) 박력분과 베이킹파우더를 체 쳐 넣고
   주걱으로 잘 섞어준다.
4) 우유를 사용하여 반죽의 되기를 조절한다.
5) 한 덩어리로 만들고 비닐로 싼다.

(2) 제조공정 (스트레이트법)

믹싱	건포도, 버터를 제외한 모든 재료(물에 커피를 녹인다)를 믹서 볼에 넣고 클린업 단계에서 버터를 넣는다. 1) 저속=2분, 중속=5분, 유지투입, 　저속=2분, 중속=7분, 　마지막 단계에서 건포도 투입 2) 반죽온도=27℃	
1차발효	반죽의 표피가 매끄럽게 되도록 만들어 1) 온도=27℃ 2) 습도=75~80% 3) 발효시간=45분	
분할	1) 반죽=250g, 비스킷=100g 분할 2) 둥글리기	
중간발효	반죽 표면이 마르지 않도록 비닐을 덮어 10~15분간 실온에서 발효	
정형	1) 손으로 반죽의 가스를 빼면서 　타원형으로 말아 넣는다. 2) 양쪽 끝을 잡고 럭비공 모양으로 정형하고 　이음매가 밑으로 가도록 하여 팬닝한다.	
토핑용 비스킷	1) 100g씩 분할하고 밀대로 두께가 0.4cm, 　길이는 빵반죽 보다 3cm 정도 크게 민다. 2) 토핑용 비스킷을 빵반죽 위에 덮어 감싸준다.	
2차발효	1) 온도=35~38℃ 2) 습도=85% 3) 시간=20~25분	
굽기	1) 온도=180℃/150℃ 2) 시간=30~35분	

20 옥수수 트위스트 Corn Twist

(1) 배합표

재료	%	g
강력분	80	800
옥수수가루	20	200
설탕	12	120
마가린	12	120
소금	2	20
달걀	15	150
이스트	3	30
제빵개량제	1	10
물	50	500
계	195	1950

(2) 제조공정 (스트레이트법)

믹싱	유지를 제외한 모든 재료를 믹서 볼에 넣고 클린업 단계에서 유지를 넣는다. 1) 발전단계 후기까지 믹싱 2) 반죽온도=27℃	
1차발효	반죽의 표피가 매끄럽게 되도록 만들어 1) 온도=27℃ 2) 습도=75~80% 3) 발효시간=40~50분	
분할	1) 60g씩 분할 2) 둥글리기	
중간발효	반죽 표면이 마르지 않도록 비닐을 덮어 실온에서 5~10분간 발효	
정형	1) 3개를 1개조로 하여 꼬아준다. 2) 달걀물을 칠한다.	
2차발효	1) 온도=35~38℃ 2) 습도=80~85% 3) 시간=30~40분 4) 2차발효 후 * 하겔슈가를 뿌린다.	
굽기	1) 온도=190℃/150℃ 2) 시간=15~20분	

* 하겔슈가 : 설탕을 작은 덩어리로 만들어 구워도 잘 녹지 않고 단맛을 내주며 대부분 데코용으로 쓰인다.

21 옥수수 모닝롤 Corn Morning Roll

(1) 배합표

재료	%	g
강력분	80	800
옥수수가루	20	200
설탕	12	120
마가린	12	120
소금	1.5	15
달걀	15	150
이스트	4	40
제빵개량제	1	10
물	48	480
계	193.5	1935

(2) 제조공정(스트레이트법)

공정	내용
믹싱	유지를 제외한 모든 재료를 믹서 볼에 넣고 클린업 단계에서 유지를 넣는다. 1) 발전단계 후기까지 믹싱 2) 반죽온도=27℃
1차발효	반죽의 표피가 매끄럽게 되도록 만들어 1) 온도=27℃ 2) 습도=75~80% 3) 발효시간=40~50분
분할	1) 30g씩 분할 2) 둥글리기
중간발효	반죽 표면이 마르지 않도록 비닐을 덮어 실온에서 10~15분간 발효
정형	1) 가스를 빼주면서 둥글리기를 한다. 2) 녹인 버터를 바르고 옥수수가루를 묻힌다.
2차발효	1) 온도=35~38℃ 2) 습도=80~85% 3) 시간=30~40분
굽기	1) 온도=200℃/160℃ 2) 시간=10~15분

22 엔젤 브레드 Angel Bread

(1) 배합표

구분	재료	%	g
빵반죽	강력분	100	1000
	물	45	450
	설탕	10	100
	버터	15	150
	소금	2	20
	달걀	20	200
	이스트	3	30
	제빵개량제	1	10
	계	196	1960
케이크 시트	달걀	100	1000
	설탕	50	500
	박력분	55	550
	베이킹파우더	0.3	3
	유화제	5	50
	물	13	130
	마가린	23	230
	계	246.3	2463

(2) 제조공정 (스트레이트법)

믹싱	유지를 제외한 모든 재료를 넣고 1) 저속=1분, 중속=5분, 유지투입, 저속=2분, 중속=8분 2) 반죽온도=27℃
1차발효	반죽의 표피가 매끄럽게 되도록 만들어 1) 온도=27℃ 2) 습도=75~80% 3) 발효시간=50~60분
분할	1) 분할=200g 2) 둥글리기
중간발효	반죽 표면이 마르지 않도록 비닐을 덮어 실온에서 10~15분간 발효
정형	1) 반죽의 가스를 빼주면서 밀대로 원형 (21cm)으로 정형 후 은박 접시 위에 올려 2차발효로 들어간다.
2차발효	1) 온도=35~38℃ 2) 습도=80~85% 3) 시간=30~40분 4) 2차발효 후 반죽 위에 커스터드크림을 격자형 무늬로 짜준 후 소보로를 뿌려 굽는다.
굽기	1) 온도=190℃/200℃ 2) 시간=15~20분 3) 완제품이 냉각된 후 슬라이스하여 버터크림을 바르고 케이크 시트를 샌드한다.

* 케이크 시트 제조법
1) 달걀을 풀어주면서 설탕, 유화제를 넣고 휘핑한다.
2) 체로 친 가루재료를 넣고 믹싱 후 물을 넣어 섞는다.
3) 용해된 버터를 넣고 섞은 후 완성한다.
4) 직경 21cm 원형팬에 넣고 굽는다.

23 잉글리쉬 머핀 English Muffin

(1) 배합표

재료	%	g
강력분	100	900
물	75	675
이스트	2	18
소금	2	18
설탕	2	18
마가린	2	18
양조식초	3	27
계	186	1674

(2) 제조공정 (스트레이트법)

믹싱	유지를 제외한 모든 재료를 믹서 볼에 넣고 클린업 단계에서 유지를 넣는다.
	1) 최종단계까지 믹싱한다. 2) 반죽온도=27℃
1차발효	반죽의 표피가 매끄럽게 되도록 만들어 표피가 마르지 않도록 비닐을 덮은 후
	1) 온도=27℃ 2) 습도=75~80% 3) 발효시간=40~50분
분할	1) 70g씩 분할 2) 둥글리기
중간발효	반죽 표면이 마르지 않도록 비닐을 덮어 실온에서 5~10분간 발효
정형	1) 옥수수전분을 덧가루로 사용하여 가스를 빼주면서 다시 둥글리기를 한 후 손으로 살짝 눌러 팬닝한다.
2차발효	1) 온도=35~38℃ 2) 습도=80~85% 3) 시간=20~30분 4) 발효가 끝나면 다른 평철판을 그 위에 올려 덮어준다.
굽기	1) 온도=220℃/200℃ 2) 시간=10~12분

브리오슈의 기본

브리오슈는 모든 빵류 중에서 가장 고배합의 빵에 속한다. 특히 현재 프랑스에서 볼 수 있는 브리오슈는 세계에서 가장 유지 함유량이 많은 빵반죽의 하나이다.

브리오슈는 본래 오스트리아의 빈에서 만들기 시작한 제품이지만 고배합의 부드러운 브리오슈는 프랑스인에 의해서 개량된 프랑스의 브리오슈라고 할 수 있다.

(1) 브리오슈의 제법

1) 유지량

밀가루를 100으로 할 경우 동량인 100%까지 사용할 수 있다. 일반적으로는 60~80%를 사용하는데 유지량이 많기 때문에 냉동처리를 하여 제품을 만들기도 한다. 반죽의 글루텐을 충분히 발전시킨 후 유지를 투입하는 것이 중요하다.

2) 유지사용

마가린은 본래 버터의 모조품으로 개발된 것이므로 마가린이나 쇼트닝을 사용할 경우에는 일부를 버터와 혼합하여 사용해도 무방하나 맛에 있어서 버터보다는 뒤떨어진다. 브리오슈는 유지 사용량이 많은 제품이므로 유지의 품질이 완제품에 미치는 영향이 크므로 맛의 측면에서는 버터를 사용하는 것이 바람직하다.

3) 반죽의 수분

반죽 중의 수분은 대부분 전란에서 공급되는 것이지만 물 또는 우유로 보충하는 경우도 있다.

(2) 작업상의 주의사항

1) 반죽

믹싱은 충분히 하고 반죽의 되기를 조절하기 위하여 달걀, 우유, 물을 더 첨가하기도 한다. 유지가 많이 사용되므로 반죽의 글루텐을 충분히 발전시킨 후 유지를 투입하지 않고 처음부터 유지를 넣고 믹싱하면 탄력성이 없는 반죽이 된다. 완성된 반죽은 표면이 매끄럽고 광택이 강한 탄력성을 갖는다.

2) 냉동 및 냉장

믹싱 된 반죽은 부드럽고 탄력성이 강한데다 많은 유지를 많이 함유하고 있으므로 취급하기가 어려워 냉동처리가 필요하다. 이것은 취급을 용이하게 할 뿐만 아니라 제품의 모양을 좋게 만들기 위해서도 필요한 것으로 제품에 큰 영향을 준다. −10℃~−15℃에서 약 1시간 정도 반죽을 냉각시킨다. 냉각시킬 경우에는 반죽 표면과 내면의 냉각온도를 균일하게 하기 위해 반죽을 약 3cm 정도의 두께로 밀어 펴서 후에 성형할 때 반죽의 온도와 단단함을 균일하게 유지할 필요가 있다. 또한 반죽의 표면이 건조하지 않게 비닐로 싸주는 것이 좋다.

(3) 브리오슈 배합표

재료	배합표 I		배합표 II	
	%	g	%	g
강력분	100	1000	100	1000
설탕	30	300	20	200
소금	2	20	1.5	15
유지	60~80	600~800	35	350
달걀	55~60	550~600	25	250
우유	20	200	18~20	180~200
이스트	4	40	4	40
물	−	−	20	200

* 우유 + 달걀 + 물의 총량은 밀가루의 60~70%로 조정하여 사용한다.
* 반죽의 〈되기〉는 액체재료의 가감으로 조절한다.

(4) 브리오슈 제조공정

공정	내용
전처리	1)밀가루는 체로 쳐서 사용한다. 2)우유는 90℃까지 끓여서 36℃로 냉각시킨다. 3)이스트는 일부의 물에 풀어서 사용한다.
믹싱	1)믹서 볼에 유지와 달걀 일부를 제외한 모든 재료를 넣고 믹싱한다. 달걀 일부(20%)는 반죽의 되기를 보면서 투입한다. 2)클린업 단계에서 유지를 첨가하고 〈최종단계〉로 믹싱한다. 3)반죽온도 : 22~24℃
1차발효	1)발효실 온도 : 22~24℃ 2)발효시간 : 3~4시간
냉각	1)배합표 I(고배합)인 경우에는 −15℃ 이하의 냉동실에서 최소 1시간 이상 냉각시킨다.(다음날 사용하는 방법도 있다.) 2)배합표 II인 경우에는 냉동과정을 거치거나, 냉동을 생략하고 다음 공정으로 들어가도 무방하다.
분할 및 정형	1)제품에 따라 적정 분할량이 다르다. 2)제품에 따라 전형적인 모양이 다르다.
2차발효	1)발효실 온도 : 28~30℃ 2)상대습도 : 85% 전후 3)발효시간 : 40~60분(분할량이 큰 반죽은 시간을 연장)
굽기	1)온도 : 170/165℃ 2)분할량에 따라 큰 것은 저온에서 장시간 굽는다.

(5) 브리오슈·아·테트 (Brioche a tête)

브리오슈는 제품의 모양에 의해서 여러 가지로 명칭이 붙지만 브리오슈·아·테트(Brioche a tête)는 인체를 본떠서 만든 것으로 흔히 "오뚜기"브리오슈라고도 말하며 교회의 의식에서 뿌리내린 종교색이 강한 것으로 그 모양은 스님이 앉은 모습을 의미 한다고도 한다. 이렇기 때문에 특히 중요하게 만들어야 될 부분은 머리 부분이다.

1) 분할

소형으로 만들 경우에는 35~45g 정도를 분할 후 둥글리기를 한다.

2) 성형 및 팬닝

15분 정도 중간발효 시킨 후 전체의 1/4정도를 손으로 분할한 다음 다시 둥글리기를 하여 올챙이 모양으로 만든 후 몸통과 결합하여 팬에 팬닝 한다.

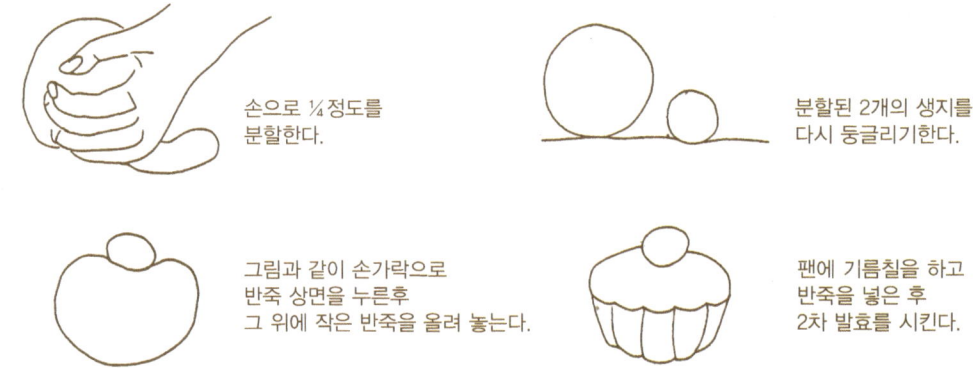

손으로 ¼ 정도를 분할한다.

분할된 2개의 생지를 다시 둥글리기한다.

그림과 같이 손가락으로 반죽 상면을 누른후 그 위에 작은 반죽을 올려 놓는다.

팬에 기름칠을 하고 반죽을 넣은 후 2차 발효를 시킨다.

(6) 브리오슈 크로네 (Brioche Couronne)

종교에서 기원된 것으로 사원의 의식 때에 스님이 머리에 쓰는 관을 표시한다.

1) 분할

왕관형의 크기에 따라서 반죽양도 다르지만 일반적으로 300~350g을 분할하여 둥글리기를 한다.

2) 성형 및 팬닝

중간발효를 시킨 후 작업대에 놓고 위로부터 눌러서 평평하게 만든 다음 한 가운데에 구멍을 뚫는다. 반죽을 돌려가면서 구멍을 크고 일정하게 만들고 팬에 넣어 2차 발효를 시킨다.(팬에 넣지 않고 철판에 팬닝하는 경우도 있다.)2차발효가 끝나면 반죽 상면을 가위로 여러번 자르기를 한 다음

3) 굽기

달걀물을 칠하고 오븐 온도 180~200℃에 넣고 굽기를 한다.

(7) 브리오슈 무슬린 (Brioche mousseline)

1) 분할

350g을 분할하여 둥글리기를 한다.

2) 성형 및 팬닝

① 직경 8~9㎝, 높이 10㎝의 팬을 사용한다.

② 팬의 내부에 기름을 칠하고 종이를 붙인 다음 그 속에 반죽을 넣는다.

3) 2차발효

온도 25℃ 전후의 낮은 온도에서 장시간 발효를 시킨다.

4) 굽기

굽기 전에 달걀물을 칠하고 180~190℃ 전후의 낮은 온도에서 굽는다.

(8) 니드 아벨레 (Nids d'abelles)

1) 분할

350g 정도로 분할 후 둥글리기를 한다.

2) 성형 및 팬닝

중간발효를 시켜서 직경 20㎝ 정도의 원형으로 밀어 펴기를 한 후 철판에 팬닝을 한다.

3) 2차발효

①약간 낮은 온도에서 충분히 발효를 시킨다.

②발효시킨 후 반죽 상면에 달걀물을 칠하고 소보로를 아주 작게 부순 후 골고루 뿌린다.

4) 굽기

오븐온도 = 200℃, 약 20분 정도 굽는다.

5) 마무리

제품을 냉각시킨 다음 한쪽의 밑면에 커스터드크림 또는 잼 등을 바른 다음 2장을 샌드한다.

24 브리오슈 Brioche

(1) 배합표

재료	%	g
강력분	100	900
물	30	270
이스트	8	72
소금	1.5	13.5(14)
마가린	20	180
버터	20	180
설탕	15	135
탈지분유	5	45
달걀	30	270
브랜디	1	9
계	230.5	2074.5

2) 제조공정 (스트레이트법)

믹싱	버터와 마가린을 제외한 모든 재료를 믹서 볼에 넣고 글루텐 발전이 85~90%가 되면 2번에 걸쳐 버터와 마가린을 넣는다. 1) 최종단계까지 믹싱 2) 반죽온도=29℃
1차발효	반죽의 표피가 매끄럽게 되도록 만들어 1) 온도=30℃ 2) 습도=75~80% 3) 발효시간=50~60분
분할	1) 40g씩 분할 2) 둥글리기
중간발효	반죽 표면이 마르지 않도록 비닐을 덮어 실온에서 10~15분

정형	1) 반죽을 다시 10g/40g으로 분할한다.
	2) 10g의 작은 반죽은 올챙이 모양으로 만들어서
	   큰 반죽 가운데에 오도록 심어 오뚜기 모양으로 만든다.
	   (반죽 주위에 물칠을 하면 좋다)
	3) 전용팬이나 은박컵에 팬닝한 후 노른자칠을 한다.

2차발효	1) 온도=30~32℃ 2) 습도=75~80% 3) 시간=20~30분
굽기	1) 온도=190℃/150~160℃ 2) 시간=10~12분

25 버터 스틱 Butter Stick

(1) 배합표

재료	%	g
강력분	50	500
중력분	50	500
마가린	45	450
달걀	30	300
이스트	3	30
베이킹파우더	1.5	15
탈지분유	10	100
설탕	40	400
소금	0.8	8
계	230.3	2303

(2) 제조공정 (스트레이트법)

믹싱	1) 유지를 제외한 모든 재료를 넣고 2) 클린업 단계에서 유지 투입 1) 반죽시간은 약간 짧게 믹싱 2) 반죽온도=25℃	
휴지	반죽이 마르지 않도록 비닐로 덮어 냉장에서 20분간 휴지를 시킨다.	
분할	1) 45g씩 분할 2) 타원형으로 밀어놓는다.	
정형	1) 반죽을 15cm로 밀어서 늘린 다음 팬닝을 하고 윗면을 살짝 눌러 노른자를 칠한다. 2) 노른자가 마르기 전에 포크를 사용하여 길게 무늬를 낸다.	
굽기	1) 온도=190℃/150℃ 2) 시간=15~20분	

솔트 스틱 Salt Stick

소금스틱은 어린이들의 간식용으로 적합하며, 다이어트 간식이나 특히 성인들의 맥주 안주용으로도 많이 사용되는 제품이다. 또한 이 제품은 굽기를 할 때 오븐 안에서 약간 단단하게 만드는 것이 중요하다.

(1) 배합표

재료	%	g
강력분	100	1000
물	50	500
이스트	4	40
마가린	8	80
소금	1.5	15
설탕	10	100
탈지분유	3	30
계	176.5	1765

(2) 제조공정 (스트레이트법)

믹싱	1) 유지를 제외한 모든 재료를 넣고 2) 클린업 단계에서 유지를 투입 1) 반죽시간은 약간 짧게 믹싱 2) 반죽온도=27℃	
분할	1) 반죽 후 1차발효 없이 30g씩 분할 2) 중간발효 15~20분	
정형	1) 길이를 일정하게 20cm 정도로 밀어서 팬닝한다.	
2차발효	1) 온도=27℃ 2) 습도=85% 3) 시간=25~30분 4) 2차발효가 끝나기 5분전에 분무기로반죽 위에 물을 분무하고 정제염을 골고루 뿌려준다.	
굽기	1) 온도=200℃/150℃ 2) 시간=8~10분	

27 치즈 스틱 Cheese Stick

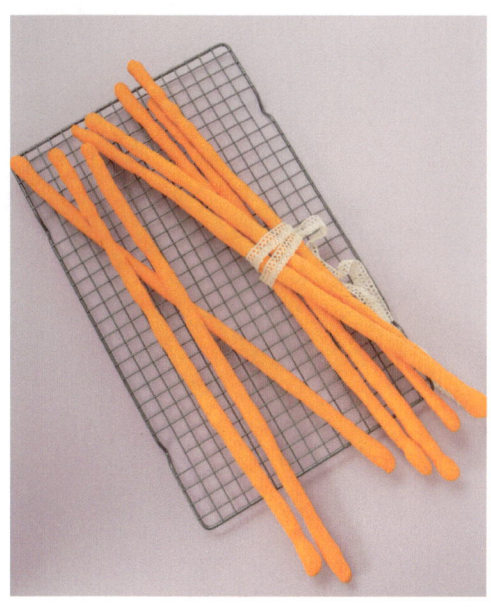

(1) 배합표

재료	%	g
강력분	80	400
중력분	20	100
설탕	20	100
마가린	10	50
소금	1	5
베이킹파우더	1	5
이스트	3	15
달걀	20	100
치즈 분말	10	50
물	20	100
계	185	925

(2) 제조공정 (스트레이트법)

믹싱	1) 믹서 볼에 모든 재료를 넣고 믹싱
	1) 반죽온도=27℃
휴지	1) 반죽 후 표면이 마르지 않도록 비닐을 덮어 실온에서 15~20분간 휴지시킨다.
중간발효	1) 분할=40g 2) 둥글리기 3) 반죽의 표면이 마르지 않도록 비닐을 덮어 실온에서 10분간 중간발효를 시킨다.
정형	1) 반죽의 가스를 빼주면서 2~3회에 걸쳐 일정하게 정형한다. 2) 길이 50cm의 긴 원기둥 막대기 모양으로 밀어 팬닝한다.
2차발효	1) 온도=30~38℃ 2) 습도=70~80% 3) 시간=10~15분
굽기	1) 온도=190℃/150℃ 2) 시간=12~15분 3) 반죽이 가늘어 색이 빨리 나므로 철판을 돌려가면서 굽는다.

28 구겔호프 Gugelhopt

프랑스 알자스 지방의 명과로 건포도를 넣은 브리오슈 반죽을 구겔호프 전용 팬에 넣어 구운 빵이다. 이 빵은 고배합 빵으로 아침 식사 또는 간식으로 먹는다. 유지가 많이 함유된 반죽이기 때문에 유지를 부드럽게 한 후 다른 재료들을 서서히 투입한다. 또한 굽기 중 중심부에 열이 잘 전달되지 않으므로 구워내는데 상당한 시간이 필요하다. 팬의 내면에 기름칠을 하고 아몬드 슬라이스를 붙여서 굽는 것이 일반적이다. 우유는 90℃까지 데운 후 식히고 이스트는 용해시켜 사용한다. 건포도(전처리)는 반죽의 제일 마지막 단계에 투입한다. 굽기 후 팬에서 꺼내어 냉각 시킨 후 제품 상면에 분당을 뿌리거나 또는 초콜릿, 가나슈 등을 흘러 내리듯 부어 마무리한다.

(1) 배합표

재료	%	g
강력분	100	1000
설탕	20	200
버터	35	350
달걀	10	100
노른자	18	180
소금	1.6	16
이스트	6	60
우유	23	230
건포도	20	200
레몬 껍질	5	50
계	238.6	2386

(2) 제조공정 (스트레이트법)

믹싱	유지, 건포도, 레몬껍질을 제외한 모든 재료를 믹서 볼에 넣고 클린업 단계에서 유지를 넣는다. 마지막 단계에 건포도, 레몬껍질을 넣고 믹싱한다.	
	1) 최종단계까지 믹싱 2) 반죽온도=24℃	
1차발효	반죽의 표피가 매끄럽게 되도록 만들어	
	1) 온도=28℃ 2) 습도=75~80% 3) 발효시간=40~50분	
분할	1) 700g씩 분할 2) 둥글리기	
중간발효	반죽 표면이 마르지 않도록 비닐을 덮어 실온에서 10~15분	
정형	1) 밀대를 사용하여 반죽의 가스를 빼주면서 3겹 접기를 하여 단단히 말아준다. 2) 팬에 기름칠을 하여 슬라이스 아몬드를 바닥에 붙여 반죽을 팬닝한다.	
2차발효	1) 온도=35~38℃ 2) 습도=80~85% 3) 시간=40~50분	
굽기	1) 온도=170℃/200℃ 2) 시간=35~40분 3) 굽기 후 분당을 뿌리거나 퐁당이나 살구잼을 바르고 초콜릿 굵은 것을 뿌려 마무리를 한다.	

29 스톨렌 Stollen

스톨렌은 14세기 독일에서 처음 만든 사람의 이름인 '스톨렌'에서 유래되었다.

고배합 과자빵으로 건과(乾果)를 넣고 만드는 과일빵의 일종이며 크리스마스 때에 즐겨먹기 때문에 크리스트 스톨렌이라고도 한다. 옛날 독일의 수도사들이 목덜미에서 어깨 위에 걸쳤던 반원형의 가사 모양을 본 따서 만들었다는 설과, 예수 그리스도가 갓난아기 때 사용하였던 요람을 본 따서 만들었다는 설도 있다.

스톨렌은 독일에서 크리스마스 시즌에 즐겨 만들어 먹던 빵으로 위에 뿌리는 슈가파우더는 흰 눈, 십자리본은 십자가를 상징하며 2~3개월 장기간 보존이 되는 특징을 갖고 있다.

(1) 배합표

재료	%	g
강력분	100	1000
설탕	20	200
소금	1	10
버터	20	200
달걀	20	200
이스트	5	50
우유	34	340
넛메그	0.1	1
건포도	30	300
레몬필	10	100
오렌지필	10	100
아몬드 슬라이스	10	100
계	260.1	2601

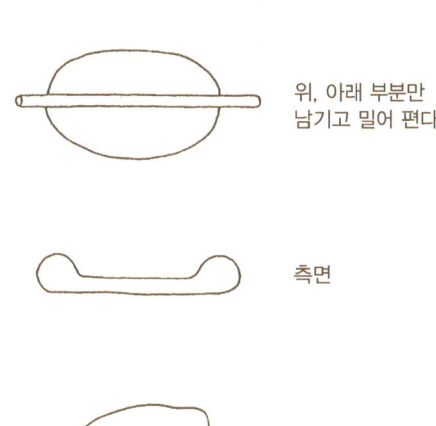

〈정형〉

위, 아래 부분만
남기고 밀어 편다.

측면

정형된 모양

(2) 제조공정(스트레이트법)

믹싱	1) 유지, 건포도, 레몬 필, 오렌지 필, 아몬드 슬라이스를 제외한 모든 재료를 믹서 볼에 넣고 클린업 단계에서 유지를 넣는다. 2) 마지막 단계에 전처리한 건포도와 레몬필, 오렌지필을 넣고 믹싱한다. 1) 최종단계까지 믹싱 2) 반죽온도=27℃
1차발효	반죽의 표피가 매끄럽게 되도록 만들어 1) 온도=28℃ 2) 습도=80~85% 3) 발효시간=90~120분 * 고배합 반죽이므로 발효시간을 충분히 준다.
분할	1) 250~300g씩 분할 2) 둥글리기
중간발효	반죽 표면이 마르지 않도록 비닐을 덮어 실온에서 15분
정형	1) 밀대를 사용하여 위아래 부분을 남기고 밀어 편다. 2) 남긴 위아래 부분이 겹치지 않게 반을 포개어 접는다.
2차발효	1) 온도=35~40℃ 2) 습도=85% 3) 시간=45~50분
굽기	1) 온도=180℃/190℃ 2) 굽기 후 제품에 녹인 버터를 바르고 계피설탕을 뿌린다. 3) 냉각 후 분당을 뿌린다.

30 파네토네 Panettone

파네토네는 이태리 밀라노의 대표적인 크리스마스용 고배합 과자빵이었는데 오늘날에는 이태리 각 지방에서 매일 볼 수 있는 유명한 프루츠(과일) 빵이 되었다. 파네토네는 이태리어로 풀이하면 파네(pane)는'빵'을 말하며, 토네(ttone)는 '달다'라는 뜻을 갖고 있다. 크거나 작은 원통형 팬에 넣어 굽는 제품으로 구운 후 시간이 흐를수록 맛이 좋아진다고 하는 특색을 갖고 있으며 수 개월간의 보존이 가능하다. 반죽은 스펀지/도법을 많이 사용한다.

(1) 배합표

1) 스펀지(묵은 반죽) 만들기

스펀지 1		
재료	g	제조공정
강력분	500	
물	200	1)저속으로 3분간 믹싱
이스트	40	2)반죽온도=27℃
백포도주	200	3)발효=27℃에서 3시간
식초	20	

스펀지 2		
재료	g	제조공정
스펀지 1	전량	
강력분	3000	
버터	750	1)저속 3분 믹싱 후 버터를 넣고 다시
설탕	900	저속으로 3분 믹싱
벌꿀	90	2)반죽온도=26℃
달걀	300	3)발효시간=22시간
노른자	300	
물	900	

(2) 배합표

재료	g			
스펀지 II	전량		달걀	500
강력분	1300		달걀노른자	500
설탕	600		건포도	2000
버터	700		레몬필	400
소금	50		오렌지필	400
			레몬 껍질(같은 것)	4개

(3) 제조공정 (스트레이트법)

믹싱	1) 유지, 레몬필, 오렌지필, 호두, 체리를 제외한 모든 재료를 믹서 볼에 넣고 클린업 단계에서 유지를 넣는다. 2) 마지막 단계에 레몬필, 오렌지필, 호두, 체리를 넣고 믹싱한다.	
	1) 최종단계까지 믹싱 2) 반죽온도=27℃	
1차발효	반죽의 표피가 매끄럽게 되도록 만들어	
	1) 상온에서 약 30분간 발효	
분할	1) 200~400g 분할 (팬 크기에 따라) 2) 둥글리기	
중간발효	반죽 표면이 마르지 않도록 비닐을 덮어 실온에서 15~20분	
정형	1) 반죽의 가스를 빼주면서 둥글리기를 다시 한번 한다. 2) 팬(종이 팬 포함)에 넣는다.	
2차발효	1) 온도=35℃ 2) 습도=85% 3) 시간=50~90분	
굽기	1) 온도=180℃/190℃ 2) 시간=30~40분.	

(1) 배합표

재료	%	g
흑미가루	100	1000
설탕	15	150
소금	1.7	17
이스트	3	30
제빵개량제	1	10
탈지분유	3	30
버터	15	150
물	48	480
달걀	20	200
계	206.7	2067

* 버터크림 제조법

재료	%	g
버터	100	1000
설탕	40	400
물엿	10	100
연유	5	50
럼주	5	50
물	30	300
달걀	20	200

* 버터크림 제조법

1) 용기에 설탕, 물엿, 물을 넣고 116~117℃ 까지 끓인다.
2) 버터는 유연하게 만든 후 달걀을 넣으면서 크림화를 시킨다.
3) 시럽을 조금씩 넣으면서 혼합하며 마지막에 연유, 럼주를 넣고 크림을 완성한다.

(2) 제조공정(스트레이트법)

믹싱	유지를 제외한 모든 재료를 믹서 볼에 넣고 클린업 단계에서 유지를 넣는다.
	1) 최종단계까지 믹싱 2) 반죽온도=27℃
1차발효	반죽의 표피가 매끄럽게 되도록 만들어
	1) 온도=27℃ 2) 습도=75~80% 3) 발효시간=40~50분
분할	1) 60g씩 분할 2) 둥글리기
중간발효	반죽 표면이 마르지 않도록 비닐을 덮어 10~20분간 실온에서 발효
정형	1)) 반죽의 가스를 빼주면서 다시 한 번 둥글리기를 한다.
2차발효	1) 온도=35~38℃ 2) 습도=80~85% 3) 시간=50~60분
굽기	1) 2차발효가 다 되면 쌀가루를 윗면에 체로 쳐서 살짝 뿌려준다. 2) 온도=190℃/160℃ 3) 시간=10~15분 4) 냉각 후 반을 잘라 짤주머니에 버터크림을 넣고 짜준다.

제 5 절 조리빵

　조리빵은 각종 부식을 조합한 빵으로서 햄버거와 샌드위치 등이 대표적인 것이며 충전물의 변화에 따라 여러 가지의 조리빵을 만들 수 있다.

　유럽의 경우에는 반죽 배합에 설탕량이 적은 반면 일본에는 설탕량이 조금 많은 것이 특징이다.

　샌드위치 빵은 식빵, 호밀빵, 프랑스 빵 등 여러 가지의 빵이 사용되며 충전물로서는 육류, 어류, 치즈, 햄, 소시지 등의 육가공 식품과 양배추, 오이, 피망, 토마토, 마요네즈, 야채류, 케첩 등이 사용된다. 만드는 방법으로는 충전물을 완성된 빵을 슬라이스한 빵과 빵 사이에 넣는 방법과 빵 정형 중에 반죽 상면에 올려놓는 방법 또는 빵 반죽에 직접 넣는 방법 등이 있다.

01 핫도그번 Hotdog Buns

(1) 배합표

재료	%	g
강력분	80	800
중력분	20	200
물	55	550
이스트	3	30
제빵개량제	1	10
설탕	11	110
소금	2	20
마가린	8	80
탈지분유	3	30
달걀	5	50
계	188	1880

(2) 제조공정 (스트레이트법)

믹싱	유지를 제외한 모든 재료를 믹서 볼에 넣고 클린업 단계에서 유지를 넣는다. 1) 최종단계까지 믹싱　2) 반죽온도=27℃
1차발효	반죽의 표피가 매끄럽게 되도록 만들어 1) 온도=27℃　2) 습도=75~80% 3) 발효시간=80~90분
분할	1) 65g씩 분할　2) 둥글리기
중간발효	반죽 표면이 마르지 않도록 비닐을 덮어 실온에서 10~15분
정형	1) 반죽의 가스를 빼주면서 길게 밀어 펴서 소시지 모양으로 정형한다.
2차발효	1) 온도=35~38℃　2) 습도=80~85%　3) 시간=30~40분 4) 발효 후 굽기 전에 달걀물을 칠한다.
굽기	1) 온도=200℃/160℃ 2) 시간=10~15분
충전물	1) 구운 완제품을 냉각 시킨 후 2/3정도 슬라이스 한다. 2) 프랑크 소시지는 칼집을 내어 후추가루로 맛을 내고 오븐에 살짝 구워 케첩, 마요네즈, 오이피클, 양파와 함께 슬라이스한 빵 안에 샌드한다.

02 햄롤 Ham Roll

(1) 배합표

구분	재료	%	g
빵반죽	강력분	70	700
	중력분	30	300
	물	55	550
	이스트	2.5	25
	제빵개량제	1	10
	소금	1.8	18
	설탕	6	60
	쇼트닝	6	60
	탈지분유	2	20
	달걀	5	50
	충전물	50	500
	계	229.3	2293

* 충전물

구분	재료	%	g
충전물	햄	100	280
	양파	50	140
	피망	10	28
	양배추	15	42
	소금	2	5.6
	후춧가루	0.2	0.6
	식용유	5	14
	계	182.2	510.2

* 충전물 제조법

1) 햄은 약 0.7cm로 자른다.
2) 피망은 속의 씨를 제거하고 잘게 자른다.
3) 양파, 양배추는 가늘게 채를 썰듯이
   썰어 놓는다.
4) 충전물을 용기에 담아 식용유를 넣고
   나머지 재료를 첨가하여 간을 맞춘다.

(2) 제조공정 (스트레이트법)

믹싱	유지를 제외한 모든 재료를 넣고 1) 저속=2분, 중속=5분, 　유지투입, 저속=2분, 중속=8분 2) 충전물은 믹싱 마지막 단계에 넣고 저속으로 믹싱한다. 　(충전물의 내용물이 반죽에 터지지 않도록 주의한다.) 3) 반죽온도=27℃
1차발효	반죽의 표피가 매끄럽게 되도록 만들어 1) 온도=27℃ 2) 습도=75~80% 3) 발효시간=90분(60분 후 펀치)
분할	1) 분할=50g　　2) 둥글기
중간발효	반죽 표면이 마르지 않도록 비닐을 덮어 실온에서 15~20분
정형	1) 반죽의 가스를 빼주면서 　공 모양으로 둥글리기를 하여 팬닝한다.
2차발효	1) 온도=35~38℃ 2) 습도=80~85% 3) 시간=30~35분
굽기	1) 온도=200℃/180℃　　2) 시간=10~15분

03 햄 치즈롤 Ham Cheese Roll

(1) 배합표

구분	재료	%	g
빵반죽	강력분	100	1000
	물	47	470
	이스트	3	30
	제빵개량제	1	10
	소금	2	20
	설탕	10	100
	쇼트닝	8	80
	탈지분유	3	30
	달걀	15	150
	계	189	1890
충전물	슬라이스햄	35장	
	체다치즈		

(2) 제조공정 (스트레이트법)

믹싱	유지를 제외한 모든 재료를 넣고 1) 저속=2분, 중속=5분, 유지투입, 저속=2분, 중속=8분 2) 반죽온도=27℃
1차발효	반죽의 표피가 매끄럽게 되도록 만들어 1) 온도=27℃ 2) 습도=75~80% 3) 발효시간=40~50분
분할	1) 분할=50g 2) 둥글리기
중간발효	반죽 표면이 마르지 않도록 비닐을 덮어 실온에서 10~15분

정형	1) 밀대를 사용하여 반죽의 가스를 빼주면서
	  직사각형으로 밀어 편다.
	2) 반죽에 슬라이스 햄, 치즈를 올려 돌돌 말아준다.
	3) 반을 잘라 절단면이 위로 오도록 위생컵에 팬닝하여
	  달걀물을 칠하고 굽는다.

2차발효	1) 온도=35~38℃ 2) 습도=80% 3) 시간=20~25분
굽기	1) 온도=200℃/180℃ 2) 시간=10~12분

04 소시지빵 Sausage Bun

(1) 배합표

구분	재료	%	g
빵반죽	강력분	80	560
	중력분	20	140
	물	52	364
	이스트	4	28
	제빵개량제	1	6
	소금	2	14
	설탕	11	76
	마가린	9	62
	탈지분유	5	34
	달걀	5	34
	계	189	1318
토핑 및 충전물	프랑크소시지	100	(480)
	피자치즈	22	102
	양파	72	336
	마요네즈	34	158
	케찹	24	112

(2) 제조공정 (스트레이트법)

믹싱	마가린을 제외한 모든 재료를 넣고 1) 클린업 단계에서 마가린을 투입하여 2) 최종단계까지 믹싱 3) 반죽온도=27℃
1차발효	반죽의 표피가 매끄럽게 되도록 만들어 표면이 마르지 않도록 비닐을 덮고 1) 온도=27℃ 2) 습도=75~80% 3) 발효시간=50~60분
분할	1) 분할=70g 2) 둥글리기
중간발효	반죽 표면이 마르지 않도록 비닐을 덮어 실온에서 10~20분
정형	1) 반죽을 손으로 눌러 가스를 빼준다. 2) 소시지를 끼우고 말아준다. 3) 반죽을 6~8등분하여 꽃모양, 낙엽모양으로 팬닝하고 반죽에 달걀 물을 칠한다.
2차발효	1) 온도=35~38℃ 2) 습도=80% 3) 시간=30~35분
토핑	1) 반죽 위에 다진 양파와 마요네즈를 섞어 올린다. 2) 피자치즈를 올리고 케찹을 뿌린다.
굽기	1) 온도=200℃/160℃ 2) 시간=10~12분

05 야채롤 Vegetable Roll

(1) 배합표

구분	재료	%	g
빵반죽	강력분	100	1000
	물	50	500
	이스트	3	30
	제빵개량제	1	10
	소금	2	20
	설탕	12	120
	마가린	10	100
	탈지분유	3	30
	달걀	10	100
	계	191	1910

* 충전물&토핑물

구분	재료	%	g
충전물	햄	75	150
	양파	100	200
	당근	25	50
	피망	25	50
	소금	2	4
	후춧가루	0.5	1
	계	227.5	455
토핑물	케첩	50	100
	마요네즈	50	100

(2) 제조공정(스트레이트법)

믹싱	유지를 제외한 모든 재료를 넣고 믹싱 1) 클린업 단계에서 유지 투입 2) 최종단계까지 믹싱 3) 반죽온도=27℃	
1차발효	반죽의 표피가 매끄럽게 되도록 만들어 표피가 마르지 않도록 비닐을 덮은 후 1) 온도=27℃ 2) 습도=75~80% 3) 발효시간=50~60분	

정형	1) 발효된 반죽을 2등분하여 폭=30cm,
	   두께=0.5~1cm의 직사각형으로 밀어 편다.
	2) 마요네즈를 바른 후 준비해 둔 야채를
	   충전하여 일정하게 말아준다.
	3) 폭=3cm로 잘라서 절단면이 위로 오도록
	   은박접시 혹은 위생컵에 팬닝한다.	

2차발효	1) 온도=32~35℃ 2) 습도=70~75% 3) 시간=20~25분 4) 발효 후 마요네즈, 케첩을 엇갈려 가늘게 겹쳐 짜준다.	
굽기	1) 온도=190℃/200℃ 2) 시간=10~15분	

* 충전물 제조법

1) 모든 재료를 잘게 썬다.
2) 소금, 후춧가루로 간을 맞춘다.

* 토핑물 제조법

1) 각각의 재료를 별도의 짤주머니에 담는다.
2) 발효 후 마요네즈, 케첩의 순으로 그림과 같이 짜준다.

(1) 배합표

구분	재료	%	g
빵반죽	강력분	100	1000
	물	62	620
	이스트	4	40
	제빵개량제	1	10
	소금	2	20
	설탕	10	100
	마가린	10	100
	탈지분유	3	30
	계	192	1920

* 충전물&마무리

구분	재료	%	g
충전물	양파	100	1000
	베이컨	50	500
	소금	2	20
	후춧가루	1	10
	식용유	10	100
	계	163	1630
마무리	파마산 치즈	10	100

* 충전물 제조법
1) 양파, 베이컨을 잘게 썬다.
2) 팬에 기름을 넣고 살짝 볶는다.
3) 소금, 후춧가루를 넣어 간을 맞춘다.

(2) 제조공정 (스트레이트법)

믹싱	유지를 제외한 모든 재료를 넣고 믹싱 1) 클린업 단계에서 유지 투입 2) 최종단계까지 믹싱 2) 반죽온도=27℃
1차발효	반죽의 표피가 매끄럽게 되도록 만들어 표피가 마르지 않도록 비닐을 덮은 후 1) 온도=27℃ 2) 습도=75~80% 3) 발효시간=40~50분
분할	1) 50g씩 분할 2) 둥글리기
중간발효	반죽의 표피가 마르지 않도록 비닐을 덮어 10~15분
정형	1) 밀대로 반죽의 가스를 빼면서 타원형으로 밀어준다. 2) 반죽에 충전물(40g)을 넣고 타원형으로 싼다. 3) 이음매가 밑으로 오도록 팬닝하여 윗면을 살짝 눌러준다.
2차발효	1) 온도=32~35℃ 2) 습도=80~85% 3) 시간=25~30분 4) 발효 후 윗면에 파마산 치즈(3g)를 뿌리고 　실리콘 페이퍼를 덮고 철망을 윗면에 올려 굽는다.
굽기	1) 온도=200℃/160℃ 2) 시간=10~15분

07 피자 Pizza

넓적하고 둥그렇게 정형한 발효 빵반죽이나 파이반죽의 상면에 소스(Sauce)를 발라 굽는 피자는 이탈리아 남부 지방에서 시작되었다.

토핑 충전물에 따라 피자 이름이 다르며 여러 가지 맛을 느낄 수 있는데 특히, 시실리와 나폴리의 것이 유명하며, 피자 소스 이외에 이 지방특산의 오레가노(Oregano)라고 하는 향신료와 이 지방의 자연치즈인 모짜렐라(Mozzarella)치즈가 거의 필수적으로 사용된다.

(1) 배합표

구분	재료	%	g
빵반죽	강력분	100	1000
	물	62	620
	이스트	4	40
	제빵개량제	1	10
	소금	2	20
	설탕	10	100
	올리브유	10	100
	탈지분유	3	30
	계	192	1920

* 충전물&마무리

구분	재료	%	g
충전물	양파	100	1000
	피망	50	500
	햄	30	300
	베이컨	30	300
	소금	1	10
	마늘	2	20
	후춧가루	1	10
	올리브유	10	100
	토마토 페이스트	100	1000
마무리	피자치즈	60	600

(2) 제조공정 (스트레이트법)

믹싱	유지를 제외한 모든 재료를 넣고 믹싱 1) 클린업 단계에서 유지 투입 2) 최종단계까지 믹싱 3) 반죽온도=27℃	
1차발효	반죽의 표피가 매끄럽게 되도록 만들어 표피가 마르지 않도록 비닐을 덮은 후 1) 온도=27℃ 2) 습도=75~80% 3) 발효시간=40~50분	
분할	1) 300g 전후로 분할 (팬 크기에 맞춤) 2) 둥글리기	
중간발효	반죽의 표피가 마르지 않도록 비닐을 덮어 10~15분	
정형	1) 밀대로 반죽의 가스를 빼면서 원형으로 밀어 편다. 2) 피자 팬에 올려놓고 테두리를 두껍게 만들어 준다. 3) 반죽 윗면에 토마토 페이스트를 고루 얇게 바른다. 4) 그 위에 충전물을 고루 펴 얹는다. 5) 얇게 썬 〈모짜렐라 치즈〉를 윗면 전체에 올려놓는다. * 치즈 위에 〈오레가노〉를 소량 뿌린다.	
2차발효	1) 온도=32~40℃ 2) 습도=80~85% 3) 시간=10~30분(껍질 두께와 관련)	
굽기	1) 온도=200℃/160℃ 2) 시간=10분 전후 * 전용 오븐에서 고온으로 굽기도 한다.	

* 충전물 제조법

1) 양파, 베이컨을 잘게 썬다. 피망은 둥근 테 모양으로 썬다.
   (각종 버섯과 파슬리 등도 사용)
2) 팬에 기름을 넣고 살짝 볶는다.
3) 오레가노, 소금, 마늘, 후춧가루를 넣고 간을 맞춘다.

08 피로슈키 | Piroshki

(1) 배합표

구분	재료	%	g
빵반죽	강력분	60	600
	박력분	40	400
	물	40	400
	이스트	3	30
	제빵개량제	1	10
	소금	1.8	18
	설탕	5	50
	쇼트닝	6	60
	탈지분유	3	30
	달걀	15	150
	베이킹파우더	1	10
	계	175.8	1758

* 충전물

구분	재료	%	g
충전물	돼지고기	100	400
	버섯	50	200
	죽순	50	200
	양파	50	200
	식용유	15	60
	소금	2	8
	간장	5	20
	카레	1	4
	청주	5	20
	마늘	0.5	2

(2) 제조공정(스트레이트법)

믹싱	밀가루를 체질하여 유지를 제외한 모든 재료를 넣고 믹싱
	1) 클린업 단계에서 유지 투입 2) 최종단계까지 믹싱 2) 반죽온도=27℃
1차발효	반죽의 표피가 매끄럽게 되도록 만들어 표피가 마르지 않도록 비닐을 덮은 후
	1) 온도=27℃ 2) 습도=75~80% 3) 발효시간=60~70분
분할	1) 45g씩 분할 2) 둥글리기
중간발효	반죽의 표피가 마르지 않도록 비닐을 덮어 실온에서 10~15분

정형	1) 반죽을 손으로 눌러 가스를 빼면서
	   충전물 35g을 포앙한다.
	2) 타원형으로 포앙 후 반죽에 물칠을 하고
	   빵가루를 묻힌다.

2차발효	1) 온도=32℃ 2) 습도=80~85% 3) 시간=25~30분 4) 발효 후 실온에서 표피를 건조시키고 포크로 구멍을 내어 튀긴다.
튀기기	1) 튀김온도=180℃ 2) 한 면에 색이 나면 뒤집어서 속과 겉면이 완전히 익도록 튀긴다.

＊ 충전물 제조법

1) 돼지고기는는 얇게 다져 놓는다.
2) 버섯, 죽순, 양파는 얇게 썰어 모든 재료를 혼합한다.
3) 프라이팬에 볶아 냉각 후 사용한다.

09 감자빵 Potato Bread

(1) 배합표

재료	%	g
강력분	100	1000
감자 분말	50	500
물	50	500
이스트	3	30
제빵개량제	1	10
소금	2	20
설탕	14	140
쇼트닝	15	150
탈지분유	3	30
달걀	15	150
계	253	2530

(2) 제조공정 (스트레이트법)

믹싱	1) 유지를 제외한 모든 재료를 넣고 믹싱한다. 2) 저속=2분, 중속=5분, 유지투입, 저속=2분, 중속=10분 3) 최종단계까지 믹싱　4) 반죽온도=27℃	
1차발효	반죽의 표피가 매끄럽게 되도록 만들어 1) 온도=27℃　2) 습도=75~80%　3) 발효시간=60~90분	
분할	1) 400g씩 분할　2) 둥글리기	
중간발효	반죽 표면이 마르지 않도록 비닐을 덮어 실온에서 10~15분	
정형	1) 반죽의 가스를 빼주면서 원로프형으로 모양을 만든다. 2) 분할량에 맞는 팬을 선택하여 팬닝한다.	
2차발효	1) 온도=35~38℃　2) 습도=80~85%　3) 시간=30~40분 4) 팬 높이의 1cm 높게 발효.	
굽기	1) 온도=160℃/200℃　2) 시간=30분	

* 미국에서는 안정된 제품을 얻기 위해 대부분 감자분말을 사용하나,
　독특한 개성과 풍미를 갖게 하기 위해서는 삶은 감자를 사용하는 것이 좋다.

각종 샌드위치 Sandwichs

샌드위치는 빵을 비롯하여 조리에 쓰이는 각종 재료를 곁들여 한꺼번에 즐길 수 있는 대표적인 간편식으로서 어떤 종류의 빵으로도 만들 수 있다. 빵과 야채를 비롯하여 육류, 어패류, 과일, 육가공품, 낙농품 등 좋아하는 재료를 써서 개인이 좋아하는 샌드위치를 만드는 것이 오히려 샌드위치의 진면목이라 할 수도 있다.

오픈 샌드위치, 롤 샌드위치 등 샌드위치의 스타일도 다양하며 아메리칸 스타일, 유럽스타일, 그리고 한국식 샌드위치 등 지역적 특성까지 생각하면 샌드위치야 말로 천(千)의 맛을 가진 식품이 아닐 수 없다.

다만 샌드위치 재료로서 불가능한 재료는 없다고 하더라도 식재료의 선택과 사용의 범위기준을 정하는 것이 좋다. 예컨대 육포와 같은 딱딱한 것을 그대로 끼워서는 안 된다. 또한 수분이 많은 재료를 끼워서 먹을 경우는 취급이 거북해 질 경우도 있다. 또한 뼈가 있는 고기나 생선을 사용해서는 안되며, 소스나 크림을 사용할 경우에도 약간 되직하게 한 다음 사용하는 것이 좋다.

결정적으로 샌드위치를 만들어 먹을 때 먹기 좋도록 재료를 손질하는 것이 매우 중요한 일이다.

※ 샌드위치에서의 버터의 역할

샌드위치를 만드는데 있어서 버터는 대단히 중요한 역할을 한다. 샌드위치의 숨은 맛은 버터와 겨자이며 겉으로 나타나지 않는 것이지만 보이지 않는데서 샌드위치의 참 맛을 받침 해 준다.

버터를 바르는 목적은 빵 사이에 넣는 충전물의 수분이 빵에 스며드는 것을 방지해 주는 역할을 하며 또한 빵의 건조를 어느 정도 막아주므로 빵의 수분을 보존시키는 역할도 해준다. 결국 버터는 빵의 수분을 조절하는 기능을 하며 또한 빵과 충전물이 서로 떨어지지 않도록 하는 역할도 한다. 따라서 속에 재료를 끼우는 샌드위치의 경우 버터는 양쪽 빵에 바르는 것이 좋다.

버터와 겨자를 따로 따로 바를 때에는 버터를 먼저 바르고 그 위에 겨자를 바르는 것이 바람직하다. 겨자를 먼저 빵에 직접 바르면 물을 넣어 만든 겨자는 곧 빵에 스며들어 먹을 때

매운 맛이 난다. 그러므로 빵에 버터를 바르고 그 위에 겨자를 바르면 버터와 겨자가 잘 혼합되어 조화로운 맛이 난다.

또한 버터는 사용하기 전에 아주 부드럽게 만든 다음 사용해야 된다.

※ 각종 혼합버터

버터에 여러 가지 양념이나 향신료, 기타의 재료를 혼합하여 넣으면 샌드위치의 풍미가 한층 더 향상된다. 육류, 야채류의 샌드위치에 어울리는 버터, 어패류의 샌드위치에 어울리는 버터 등 여러 가지가 있는데 그중 가장 보편적이고 기본적인 혼합버터로는 버터에 반죽한 겨자를 혼합한 〈겨자버터〉이다.

겨자버터는 어떤 재료를 사용한 샌드위치에도 잘 어울리는 것으로 아주 쓰기 쉬운 혼합버터이다. 겨자버터 외에 육류, 야채의 샌드위치, 어패류의 샌드위치 등에 잘 어울리는 다양한 혼합버터를 만들면 빵에 이것만 발라서 먹어도 간단한 샌드위치가 된다.

각종 양념 및 재료를 넣어 만드는 혼합버터 중에서 대표적인 것으로는 겨자버터 외에 섬게버터, 마늘버터, 레몬버터, 달걀버터, 새우버터, 파슬리버터 등 다양한 소스가 있다.

① 겨자버터

겨자는 버터에 대해서 10%~15%의 혼합이 적당하나 기호에 따라서 가감한다.

② 섬게버터

섬게에 백포도주를 뿌려 찐 후에 으깨고 이것을 버터와 섞은 후 후춧가루를 뿌리고 혼합한다.

③ 달걀버터

삶은 달걀을 으깨어 버터에 넣은 것으로 달걀은 버터에 대해서 50%정도 사용하는 것이 좋다. 이것은 닭고기, 햄, 생선튀김 등에 사용하면 좋다.

④ 새우버터

소금물에 삶은 새우를 잘게 썰어 버터와 새우를 2:1로 섞은 것으로 어류와 달걀 샌드위치 등에 사용하면 좋다.

⑤ 파슬리버터

잘게 썬 파슬리를 버터에 혼합한 것인데 파슬리의 물기를 충분히 제거해야 한다. 건 파슬리를 사용하면 편리하다. 어패류에 어울리고 육류의 냄새도 없애준다.

10 참치 샌드위치 Tuna Sandwich

1) 배합표

재료	사용량
식빵	6장
참치(통조림)	1통
양상추	적량
체다치즈	3장
샐러리	1쪽
양파	1/2개
마요네즈	적량
후춧가루	약간

2) 제조공정

① 참치는 으깨어 체에 걸러 액체를 배수시키고 양파, 샐러리는 같은 크기로 얇고 잘게 썰어 놓는다.
② 위의 재료를 용기에 담고 골고루 섞은 후 마요네즈, 후춧가루를 넣고 잘 혼합한다.
③ 식빵의 한쪽 면에 겨자버터를 바르고 양상추를 넣고 위의 참치 충전물을 올린 후, 체다치즈를 올리고 다른 식빵의 한쪽 면에도 소스를 바른 후 덮어 완성 한다.

11 에그 샌드위치 Egg Sandwich

1) 배합표

재료	사용량
식빵	8장
달걀	4개
파슬리	10g
소금	약간
마요네즈	적량
후춧가루	약간
케첩	약간

2) 제조공정

① 파슬리는 잘게 다져 놓는다.
② 용기에 달걀, 파슬리를 넣고 소금과 후춧가루로 간을 맞춘다.
③ 프라이팬에 ②번을 넣고 두툼하게 그러나 타지 않게 부친다.
④ 식빵 한쪽 면에 마요네즈를 바르고 부친 달걀을 식빵 크기로 잘라서 올려놓는다.
⑤ 그 위에 케첩을 바르고 남은 식빵으로 샌드를 한다.

12 햄 에그 샌드위치 Ham & Egg Sandwich

1) 배합표

재료	사용량
식빵	4장
햄	200g
소금	약간
후춧가루	약간
달걀	4개
샐러리	적량
마요네즈	적량

2) 제조공정

① 햄을 잘게 썰어 놓는다.
② 달걀은 삶은 후 껍질을 벗기고 햄의 크기와 동일하게 자른다.
③ 샐러리는 깨끗이 씻어 놓는다.
④ 샐러리를 제외한 위의 재료를 마요네즈, 소금, 후춧가루를 넣고 골고루 혼합한다.
⑤ 식빵 한쪽 면에 겨자버터를 얇게 바르고 샐러리를 올려 넣고 햄-에그 충전물을 그 위에 골고루 펼쳐 올린 후, 남은 식빵 한 면에 겨자버터를 얇게 바르고 샌드 한다.

⑬ 몬테 크리스토 Mónte Christo

1) 배합표

재료	사용량
식빵	3장
닭 가슴살	100g
소금	적량
후춧가루	적량
슬라이스 햄	2장
슬라이스 체다치즈	2장
피자치즈	100g
마요네즈	1 작은 술
머스터드	1 작은 술
튀김가루	100g
물	150g
식용유	적량

2) 제조공정

① 식빵의 가장자리는 잘라내고 식빵 한쪽 면에 마요네즈를 얇게 펴 바르고 체다치즈, 슬라이스햄을 올린다.

② 햄 위에 식빵 한 장을 더 올리고 피자치즈 50g을 올린다.

③ 닭가슴살은 평평하게 펴서 소금, 후춧가루로 간을 하고 겨자를 발라 오븐에서 굽는다.

④ ②번에 구운 닭가슴살을 올리고 남은 피자치즈도 올려놓는다.

⑤ 남은 식빵을 올린 후 완성하여 삼각형으로 반을 자른 후 튀김옷을 얇게 입혀 튀긴다.

크루아상의 기본

크루아상의 제법은 데니시 페이스트리와 다를 것이 없으므로 반죽의 준비, 유지 접기, **크루아상의 제법** 등은 데니시 페이스트리를 참조하면 된다.

데니시 페이스트리가 덴마크에서는 비엔나 빵이라고 불리고 있는데 이것은 오스트리아의 수도인 빈(Wien)으로부터 덴마크에 전래된 데에서 유래하며 크루아상은 빈으로부터 프랑스로 전해와 프랑스의 빵으로 발달하였던 것이다.

크루아상(초생달 형의 빵)은 역사가 오래되어 고대 문명국에서도 만들어지고 있었으나 오늘날 크루아상이라고 불리는 초생달 모양 빵의 발상지는 오스트리아의 빈이라고도 하고 헝가리의 수도인 부다페스트(Budapest) 라고도 한다. 일설에 의하면 1683년 오스트리아의 빈을 포위했던 터키 군단을 물리쳤을 때 빈의 사람들이 그 기념으로 터키 국기에 붙어 있는 초생달형과 같은 모양의 빵을 만든 것이 시초라고 한다.

이후 100년이 지난 후에 오스트리아의 성녀인 리·앙프와네드 왕비가 프랑스에 그 제법을 소개했다고 한다. 그 후에도 많은 빈의 제과인에 의해 프랑스에 퍼졌지만 20세기 초에 이르기까지 크루아상은 현재와 같이 유지를 접어 넣는 식의 빵이 아니고 유지를 직접 반죽에 넣어서 만든 빵이었다. 오늘날과 같이 유지를 반죽에 싸서 접어 넣는 빵으로 바뀐 것은 프랑스인의 창의와 연구에 의한 것이다.

〈크루아상의 제법〉

크루아상을 만드는 법은 대체로 데니시 페이스트리와 같다. 그렇지만 크루아상을 조리빵의 반죽라고 해석한다면 데니시 페이스트리는 과자빵의 반죽이다.

따라서 크루아상은 설탕을 적게 사용한 빵이고 데니시 페이스트리는 설탕을 많이 사용한 빵이다. 크루아상은 이스트가 들어간 기본의 빵 반죽과 그 반죽에 싸여지는 유지로 구성되어 있다. 접고 밀어펴기의 공정을 거치는 동안 2개의 조직 즉, 반죽층과 유지층을 형성한다.

반죽을 취급할 때 중요한 것은 저온에서 작업을 진행해야 한다. 작업실의 온도가 높으면 유지가 녹아 흘러 작업에 어려움을 주며, 결의 형성에 지장을 줌으로 저온에서 작업하는 것이 바람직하다.

〈대표적인 배합표〉

1) 배합표

배합표 1		배합표 2	
재료명	비 율(%)	재료명	비 율(%)
강력분	70	강력분	70
박력분	30	박력분	30
소금	2	설탕	4
이스트	5	소금	1.8
설탕	5	이스트	5
마가린	7	우유	40
물	60	물	20
롤-인 유지 : 밀가루 100%에 대해서 60%		롤-인 유지 : 밀가루 100%에 대해서 60%	

2) 반죽 믹싱

반죽 믹싱은 짧게 한다. 롤-인(Roll-in) 유지를 제외한 모든 재료를 믹서 볼에 넣고 혼합한다. 전체의 재료가 균일하게 섞여 밀가루의 글루텐이 겨우 연결된 시점까지 믹싱한다.

반죽온도는 20~22℃로 맞추는데 이것은 일반 빵 반죽보다 약간 낮은 온도이지만 다음에 유지를 넣고 밀어 펴는 작업으로 인한 온도 상승에 대비하기 위한 것이다.

반죽의 단단함은 롤-인 유지의 단단함과 맞지 않으면 안된다. 즉, 롤-인(Roll-in)유지가 부드러울 때는 반죽도 부드러워야 한다. 유지가 너무 단단하면 롤-인 유지를 싸고 밀어 펴는 작업 중에 반죽 속에서 유지가 갈라지거나 반죽을 뚫고 나오는 원인이 된다.

믹싱이 끝난 반죽은 비닐로 싼 다음 표면이 건조하지 않게 실온에서 15~20분 정도 쉬게 하여 상처 입은 반죽을 회복시킨다.

이 발효 상태를 거친 후 반죽을 얇게 사각으로 늘리고 -20℃의 냉동고에서 2시간 30분 정도 냉각하여 반죽을 굳혀서 유지를 싸기 쉽게 한다.

3) 접기 및 성형

크루아상 제법 중 가장 중요한 작업 중의 하나이다. 롤-인 유지를 냉각한 반죽 안에 넣고 싼 다음 주위를 완전히 봉하여 유지가 새어 나오지 않게 주의한다. 통상 파이 롤러를 이용하여 한쪽 방향으로 밀어 펴거나 밀대를 사용하여 밀어 편다.

가장 중요한 것은 손 또는 기계에 의해서 밀어 펴기를 할 때 반죽의 표면이 상하지 않게 한쪽 방향으로 서서히 밀어 펴기를 하고 3겹으로 접는다.

이렇게 3겹으로 한번 접은 시점에서 상처 난 반죽을 잠재우기 위해서 30분 정도 휴지를 시킨다. 이것을 비닐로 싸서 −10℃ 전후의 냉동고에 넣는다. 그리고 다시 한 번 밀어펴기 한 것과는 반대방향으로 밀어 펴서 3겹으로 접기를 하고 휴지를 준 다음 또다시 밀어 펴기를 하고 3겹으로 접는다.

3겹으로 3회 접는 것을 크루아상의 기본으로 한다. 이보다 적게 접기를 하는 경우도 있으나 너무 적게 접으면 유지층이 엉성해서 완제품이 매우 나빠진다.

또한 반대로 접기를 많이 했을 경우에는 접기의 효과가 적고 굽기 중에 크루아상의 결이 없어진다. 이것은 반죽이 이스트에 의한 발효, 팽창하는 과정에 있어 수분이 증발하면서 얇은 반죽 막을 뚫고 나감으로서 유지가 반죽에 완전히 흡수되기 때문이다.

마지막 접기가 끝나면 −20℃의 냉동고에 넣어 약 30분 정도 휴지를 준 다음 밀대나 롤러로 2.5mm의 두께로 밀어 편다. 늘린 반죽은 아래 그림과 같이 재단하고 1개의 중량은 40~45g으로 한다.

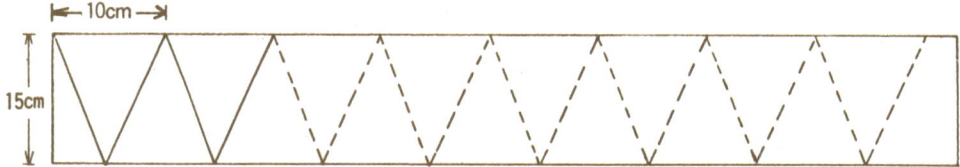

재단된 반죽은 삼각형의 밑면으로부터 꼭지점 쪽으로 말아서 초생달 형으로 정형을 한다. 철판에 팬닝을 할 때 너무 조밀하게 하면 2차발효 중에 옆면이 붙는 경우가 있으니 조심해야 한다. 또한 너무 무리한 힘을 주어 정형하면 반죽과 유지층이 파괴될 염려가 있으니 이점을 유의해야 한다.

  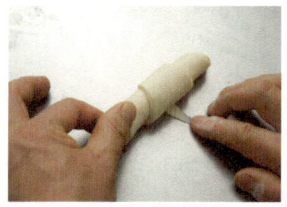

4) 발효

정형을 끝낸 반죽은 발효실에서 발효시킨다. 온도는 약 30℃ 전후, 습도는 80% 전후, 시간은 35~40분 정도 발효를 시킨다. 만일 발효실 온도가 너무 높으면 층을 이루고 있는 유지가 녹아서 철판에 흘러나오게 된다.

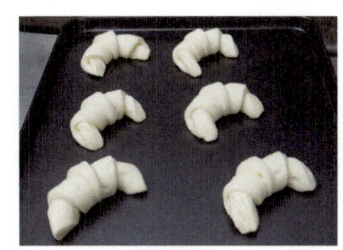

5) 굽기

오븐온도는 일반적으로 200~220℃ 정도로 굽기 전에 반죽 표면에 달걀물을 칠하고 굽기를 한다.

14 크루아상 샌드위치 | Croissant Sandwich

1) 배합표

재료	사용량
크루아상	1개
슬라이스 햄	3장
양상추	적량
겨자 잎	적량
토마토	적량
양파	적량
피클	적량
겨자 마요네즈	1 작은 술
머스터드	1 작은 술

2) 제조공정

① 크루아상을 반으로 슬라이스 하여 준비한다.
② 반쪽에 씨겨자 버터, 머스터드를 섞어 소스를 만든다.
③ 크루아상 위에 양상추, 겨자 잎, 양파를 올려놓는다.
④ 샌드위치용 슬라이스 햄, 피클을 올린 후 소스를 뿌린다.
⑤ 남은 크루아상을 덮어서 완성한다.

+자형 자르기

田자형 담기

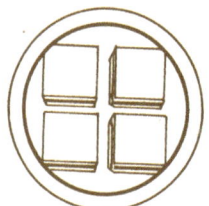

입체적으로 담기

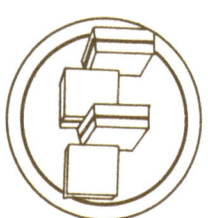

2~4등분 자르기

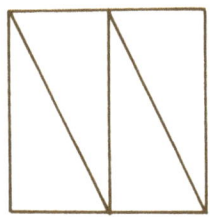

나란히 담기

반겹쳐 담기

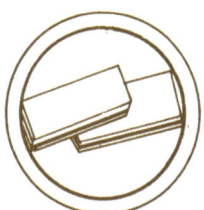

4쪽 담기

3등분 자르기

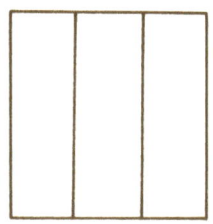

나란히 담기

방사선형 담기

삼각형 담기

변형 4등분 자르기

병렬형 담기

병렬형 담기

병렬형 담기

경사 3등분 자르기	나란히 담기	나란히 담기	반겹쳐 담기	나란히 담기
경사 4등분 자르기	나란히 담기	나란히 담기	나란히 담기	반씩 겹쳐 담기
변 형 3등분(−선) 3각형 3등분(⋯선)	나란히 담기	나란히 담기	나란히 담기	나란히 담기
3각 2~4등분 자르기	2등분	2등분	2등분	2등분
	2등분	4등분	4등분	4등분

제 6절 데니시 페이스트리

1. 데니시 페이스트리의 기본

일반적으로 데니시 페이스트리라고 하는 이 과자빵은 덴마크에서는 비엔나빵(Wiener Brot)이라 불리고 있다. 롤－인(Roll-in) 유지를 반죽 사이에 넣고 밀어 펴는 방법은 오스트리아의 빈에서 개발되어 빈의 제과인들에 의해 덴마크를 주축으로 유럽 전역에 널리 퍼지게 하였던 것이다.

프랑스에서는 덴마크풍의 과자(Câteau Danoise), 독일에서는 덴마크풍의 접어 끼우는 버터반죽의 빵(Dänischer Plunder)이라고도 한다.

롤－인 유지를 사용한 빵의 제법으로 대표적인 것에는 크루아상이 있으나 데니시 페이스트리는 과자와 빵의 중간 과자빵으로서의 강한 색채를 지니고 있다.

(1) 데니시 페이스트리의 세 가지 요소

데니시 페이스트리는 ①반죽 ②충전물 ③형태와 장식물의 세 가지 요소로 구성되어 있으며 각각의 품목은 이 요소들의 편성 변화와 응용에 따라 결정된다.

반죽은 저배합과 고배합으로 나누고 있으나 실제 반죽의 종류는 적기 때문에 성형에 의한 변화는 외관의 변화에 지나지 않으므로 오히려 충전물과 장식의 편성에 의해 맛의 변화를 준다고 볼 수 있다.

1) 반죽

데니시 페이스트리의 기본 반죽은 이스트가 들어간 **빵반죽(dough)**과 이 반죽에 접어넣는 유지의 요소로 구성되어 있다. 이스트가 들어간 기본 빵반죽에 일정량의 유지를 도포한 후 접고 밀어 펴는 작업을 반복하여 유지와 빵반죽이 일정한 두께로 〈층〉을 이루는 조직체를 만든다. 빵반죽은 이스트가 포함되어 있기 때문에 발효와 굽기 과정 중에 많은 변화를 일으킨다.

유지와 접고 밀어펴는 공정이 많기 때문에 본반죽의 믹싱은 픽업단계에서 끝내는 것이 좋으며 반죽온도는 18~22℃를 표준으로 한다.

효모에 의한 팽창작용으로 유지가 반죽에 흡수되어 층을 이루는 결이 없어지기 쉬우므로 접는 횟수는 3겹으로 3~4회 접는 것이 일반적이다.

반죽을 냉동시킬 경우에는 이스트 양을 약간 증가시키고 반죽을 다소 단단한 상태로 만든다. 냉동하지 않는 반죽도 롤-인용 유지를 충전한 후 밀어펴기를 하기 전에 −10℃ 정도의 냉동실에 30분가량 넣어서 차게 하면 작업이 용이해진다.

2) 충전물(Filling)

충전물은 크림상태의 것과 고형질 상태의 것 등으로 구분 되는데 과자빵용의 크림으로는 아몬드크림과 커스터드크림이 대표적이며, 요리용에는 여러 종류의 소스를 사용한다. 여름철, 겨울철 등 계절에 따라 또는 젊은 층과 부인층 등 연령과 성별, 고급품과 대중품 등 시장이나 지역조건에 맞추어 여러 가지로 변화시켜 만들 수 있다.

3) 형태와 장식

데니시 페이스트리는 충전물과 반죽을 여러 가지 방법으로 정형해서 구워내고 기호에 맞게 장식하기까지의 작업에 의해 많은 변화를 줄 수 있다.

본반죽 배합을 결정하고 여기에 맞는 정형, 충전물, 코팅을 선택하기 위해서 제품의 가격과 작업성과 시장성에 대한 충분한 고려가 선행되어야 한다.

(2) 데니시 페이스트리의 반죽

데니시 반죽용 밀가루로 준강력분 정도에 해당하는 페이스트리용을 많이 사용하는데 글루텐 형성 능력에 따라 구워낸 후의 맛과 물리성에 차이가 나타난다. 동일한 배합과 방법으로 믹싱하고 발효를 시켜 같은 온도에서 구워낼 때 강한 밀가루는 층 형성이 양호하고 비교적 바삭바삭한 제품이 되지만 약한 밀가루는 촉촉한 식감을 낸다.

밀가루를 일정하게 하고 물을 우유로 바꿀 경우 우유를 사용한 반죽이 구워낸 후 더 촉촉한 식감을 주며 다소 무거운 반죽이 된다. 제품의 노화현상은 글루텐이 강한 쪽이 약한 밀가루 보다 느리기 때문에 유리하다.

믹싱이 과도하거나 2차발효를 지나치게 하면 결이 형성되기 어렵고, 접는 횟수가 너무 많으면 결이 불투명해지며, 너무 적으면 두껍고 거칠게 되는 등 작업공정에 따라 제품의 물리적 특성에 영향을 준다.

또한 작업실의 온도가 높으면 작업하기가 어려울뿐더러 유지가 녹아 결 형성이 어려워진다. 롤-인 유지는 신전성이 좋은 것, 가소성이 좋은 것을 사용해야 확실한 층을 형성시키지만 맛을 보강하기 위하여 버터를 일부 첨가하기도 한다.

(3) 데니시 페이스트리 제조공정

1) 반죽 제조

빵류와 같이 직접법(스트레이트법)이나 스펀지법으로 만들 수 있으나 보통은 직접법을 많이 사용하고 있다.

스트레이트법의 경우, 이스트를 적정량의 물(27~30℃)에 풀고 다른 재료와 함께 믹싱한다. 믹싱의 속도와 시간은 믹서의 성능, 밀가루의 성질, 반죽의 배합율, 구울 제품을 어떠한 모양으로 만들 것인가에 따라서 다소 다르게 할 수 있다.

믹싱은 가장 기본적인 공정으로 가능한 한 모든 재료를 균일하게 분산시키고 글루텐 구조를 적절하게 발달시켜서 이상적인 신장성을 얻도록 한다.

일반적으로 강력분을 사용하거나 반죽온도를 낮게 하면 흡수율이 증가하고 믹싱 시간도 다소 길어진다. 유지량을 기준으로 저배합의 반죽은 믹싱시간을 짧게 하여 재료가 잘 혼합되는 정도로 끝내지만 고배합은 저배합보다 약간 길게 믹싱한다.

반죽온도는 18~22℃로 하고, 반죽은 비닐 등으로 싸서 표면이 건조되지 않게 하여 적절한 〈휴지〉시간을 주면 신장성이 좋아진다. 휴지 후에 적정한 두께로 밀어 펴서 롤-인 유지를 넣고 다시 접어서 약 30~50분간 휴지를 시킨다. 휴지를 시키지 않고 성형을 계속하면 밀어펴기가 어렵고 양질의 완제품을 만들 수 없다.

2) 롤-인 유지 접는 방법

유지를 넣고 접는 방법은 여러 가지가 있는데 어떠한 방법의 경우에도 롤-인 유지가 너무 단단하거나 부드러워서는 안 된다. 너무 단단하면 반죽을 밀어 펴는 과정에서 유지가 깨지거나 반죽이 찢어져서 반죽과 유지의 층이 균일하지 않고, 너무 부드러우면 작업하기가 어렵고 유지가 옆으로 흘러나오는 경우가 많아서 굽는 중에 층이 없어져 결이 생기지 않는다.

그림 1)과 2)의 방법은 밀가루에 대해서 롤-인 유지가 70% 이상의 경우 접기가 쉬운 편리한 방법이다.

〈그림 1〉

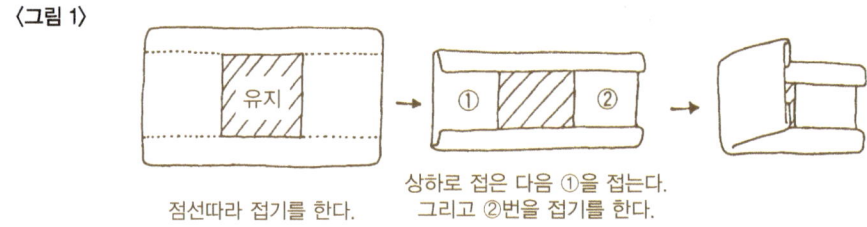

점선따라 접기를 한다.

상하로 접은 다음 ①을 접는다.
그리고 ②번을 접기를 한다.

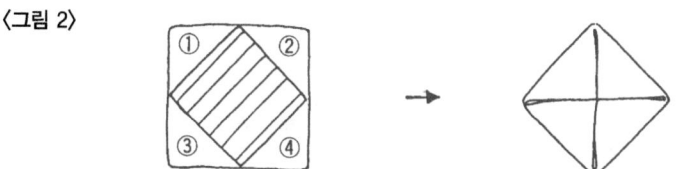

〈그림 2〉

번호가 쓰여진 대로 양 모서리를 중앙을 향해 접고 봉한다.

〈그림 3〉

반죽을 직사각형으로 밀어 펴고 한쪽 면에 유지를 놓고 반으로 접기를 한다.

〈그림 4〉

버터를 작게 떼어서 그림과 같이 놓고 접는다.

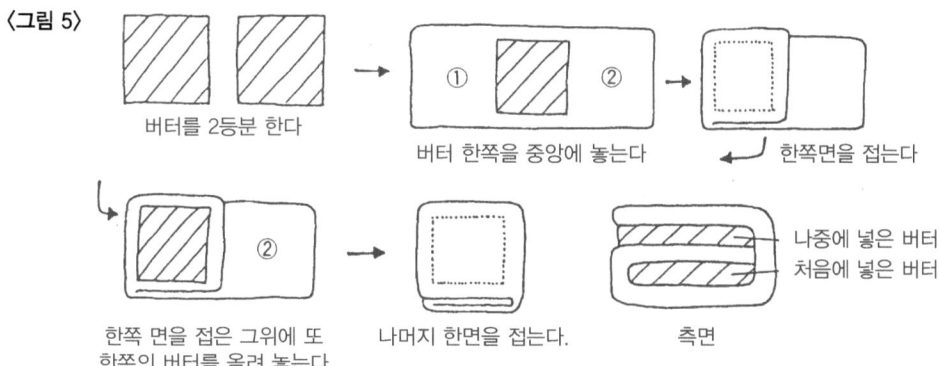

〈그림 5〉

버터를 2등분 한다

버터 한쪽을 중앙에 놓는다

한쪽면을 접는다

한쪽 면을 접은 그위에 또 한쪽의 버터를 올려 놓는다

나머지 한면을 접는다.

측면

나중에 넣은 버터
처음에 넣은 버터

그림 3)과 4)는 데니시 페이스트리에 많이 사용하는 방법이다. 특히 4)는 융점이 비교적 낮은 유지를 사용할 때 편리하다.

그림 5)는 역시 유지가 많을 경우에 유지를 2등분하여 사용함으로 접기를 쉽게 하는 방법이다.

3) 접기-밀어펴기

유지를 반죽에 넣고 완전히 봉한 다음 밀어펴기를 한다. 일반적으로 3겹으로 3번을 밀어 펴는 것이 표준이며 접기 후에 −10℃의 냉동실에 넣고 15분에서 30분 정도 휴지를 시킨다.

반죽을 휴지시키면 밀가루 반죽과 롤-인 유지의 경도(硬度)를 같게 하여 밀어펴기 작업이 쉽고 유지층이 찢어지거나 흐트러지는 일을 예방하여 결을 분명하게 만든다.

휴지가 끝난 페이스트리 반죽을 다시 밀어펴서 3겹 접기를 하고 휴지 →밀어펴기 →3겹 접기를 하고 다시 휴지를 시킨다. 휴지가 끝나면 정형과정으로 들어간다.

그림 5)의 경우에 접기가 너무 많으면 유지가 밀가루 반죽에 흡수되기 쉬우므로 3겹 접기 2회나 4겹 접기 1회로 끝내는 것이 좋다. 데니시 페이스트리 작업장은 독립된 〈저온 작업실〉이 바람직하며, 특히 하절기에는 습기가 많아 냉동한 반죽에 물방울이 생겨 반죽을 상하게 하고 작업성도 떨어뜨리니 유의해야 한다.

4) 성형

페이스트리 반죽을 성형할 때에는 제품의 종류와 크기에 따라서 두께를 조절한다. 어떤 경우에도 같은 제품에는 균일한 두께를 유지하는 것이 중요하다.

5) 2차발효

일반적으로 2차발효실 온도는 27℃ 전후, 상대습도는 75% 전후에서 30분에서 50분 정도 발효를 시킨다. 발효조건이 다르기 때문에 시간보다는 상태로 판단한다.

냉동반죽을 발효시킬 때는 얼은 상태로 2차발효실에 직접 넣어서는 안 된다. 전날부터 0℃ 전후의 냉장고에 넣어 해동이 되면 실온에 두었다가 2차발효를 시키는데 온도는 25~27℃의 범위로 하는 것이 좋다.

6) 굽기

2차발효가 끝난 제품은 반죽 표면에 달걀물(1:1)을 칠하고 일반적으로 오븐온도는 190~220℃의 범위에서 굽지만 고배합의 제품을 저온에서 구우면 유지가 흘러나와 층이 없어지기 쉽다. 또 온도가 너무 낮으면 완제품은 표면이 딱딱하여 맛도 나쁘게 된다. 반대로 오븐온도가 너무 높으면 속이 다 구워지기 전에 표피가 타기 쉽다.

오븐에 넣은 초기에는 이스트 안에 들어있는 효소에 의하여 발효가 계속되어 오븐 스프링이 일어나는데 너무 고온이면 팽창이 제한을 받으므로 부피가 작아진다.

일반적으로 크게 정형한 것은 작은 것보다 열의 전달이 늦어지므로 어느 정도 저온에서 길게 굽는다. 한 장의 철판에 너무 많이 팬닝하면 열의 전달이 고르지 않아서 얼룩무늬가 생기고 때에 따라서는 옆의 제품과 붙는 경우도 있으므로 주의해야 한다.

(4) 반죽과 제품의 냉동

1) 반죽의 냉동

데니시 페이스트리 반죽의 냉동은 보통 3겹으로 3회 접기를 마친 후 그대로 냉동하는 경우와 밀어펴기를 하고 정형하여 냉동하는 방법이 있으나 후자가 많이 이용된다. 정형 후 냉동한 반죽은 굽기 전날 냉장고에서 해동 하고 굽는 날에 실온에 두었다가 2차발효를 하여 굽기를 한다. 최근에는 자동해동 시스템을 이용하기도 한다.

2) 냉동설비

소규모인 경우는 대부분 냉동고와 냉장고 겸용을 사용하고 대규모인 경우에는 급속냉동을 실시하고 있다. 냉동 양과 정형 반죽의 모양과 크기에 따라서 용량을 결정하지만 냉동고는 반죽을 넣어서 1시간 안에 −25℃ 이하로 내려갈 수 있는 능력을 가지고 있어야 하고 냉풍의 순환장치와 서리 제거장치가 있는 것을 선택한다.

3) 냉동기술

데니시 페이스트리나 과자빵과 같은 고배합 반죽은 냉동하기가 쉬운 편이지만 프랑스빵과 같은 저배합 반죽은 냉동 중 수분이나 이스트의 활력이 감소되는 문제가 생긴다.

데니시 반죽도 때에 따라서는 껍질이 부풀어 올라오거나 물집 같은 것이 생기어 상품가치를 잃는 경우가 있는데 특히, 냉동 저장할 때나 해동할 때 이러한 현상이 잘 일어난다. 냉동 저장 중에 반죽내의 수분이 승화현상을 일으키거나 수분의 얼음결정이 이동하면서 글루텐을 파괴하는 것으로 추측하고 있으나 물리적 기작(mechanism)에 대해서는 아직 해명되지 못한 것이 많다.

(5) 작업상의 유의사항

1) 작업장 온도

데니시 페이스트리의 제조공정은 항상 〈저온〉에서 시행하는 것이 좋다. 특히, 롤−인 유지를 밀가루반죽에 넣고 밀어 펴는 〈성형〉의 과정은 시간이 걸리기 때문에 고온에서는 유지가 녹아서 결이 생기기 어렵고 반죽속의 이스트가 활동하여 발효가 가속된다. 가능하면 14~15℃의 작업장 온도가 바람직하다.

2) 우유

반죽에 탈지분유를 사용하면 색상과 향이 개선되는데 탈지분유 사용량은 밀가루에 대해서 3~6%의 비율로 사용하는 것이 일반적이다.

생우유를 사용할 때는 보통 90℃ 정도로 끓기 직전까지 가열한 후 식혀서 사용하는데 살균이 안 된 우유는 변질되기가 쉽고 반죽이 힘이 없으며 구울 때 오븐팽창도 작아진다. 이러한 경우에는 믹싱시간을 연장하고 발효시간도 약간 늘린다.

3) 이스트

이스트 사용량은 일반 빵 보다 다소 증가시켜 사용한다. 페이스트리 반죽을 냉동할 경우에는 냉동에 의한 이스트의 사멸 양을 고려해서 사용량을 증가한다.

4) 유지

롤-인 유지는 신전성이 우수하고 가소성(可塑性)이 좋아야 한다. 입에서 녹는 물성이나 풍미의 관점에서는 버터가 뛰어나지만 가소성 범위가 좁다.

마가린은 기본적으로 버터를 최대한 모방하는 제품인데 페이스트리용 마가린은 버터의 맛에 신전성과 가소성을 보강한 제품이다.

5) 발효

일반적으로 발효온도는 27℃ 전후, 습도는 65~75% 정도이다. 온도나 습도가 높으면 유지가 흘러나오기 쉽다. 특히 고배합의 반죽은 온도를 낮추어 발효를 천천히 시키는 것이 좋다.

6) 반죽과 유지의 조화

밀가루 반죽과 롤-인 유지는 온도와 단단한 정도가 같은 것이 좋다. 유지의 온도가 아주 낮아서 단단한 경우에는 반죽에 포개고 밀어 펴는 작업이 어려워 반죽에 균열이 생기고 구워낸 제품이 일그러진다. 또한 유지의 온도가 높으면 작업 중에 반죽으로부터 흘러나와 층이 생기기 어렵고 부피도 작아진다.

7) 덧가루

페이스트리 반죽을 밀어 펼 때 덧가루를 너무 많이 사용해서는 안 된다. 덧가루는 반죽이 작업대에 붙는 것을 방지하기 위한 것으로 과도하게 사용하면 제품이 단단해지고 맛이 나빠진다.

덧가루는 반죽을 마르게 하며 구운 후 표피 색상을 고르지 못하게 하므로 붓이나 솔로 털어주는 것이 좋다.

(6) 대표적인 데니시 페이스트리의 배합표

1) 표준 배합표

재료명	%	g	제조공정
강력분	80	800	1) 믹싱 : 피복용 유지와 마가린을 제외한
중력분	20	200	전재료를 믹서 볼에 넣고 저속 4분,
물	45	450	믹싱 후 마가린을 첨가하고 중속으로
이스트	6	60	1~2분간 믹싱 = 〈발전단계〉 상태
소금	2	20	2) 반죽온도 : 20℃
설탕	15	150	3) 휴지 : 실온에서 5~6분 후 냉장온도에서 30~60분
마가린	10	100	
탈지분유	3	30	4) 밀어펴기와 유지 싸기
달걀	15	150	5) 휴지→밀어펴기와 접기→휴지 반복(3×3)
소계	196	1960	6) 정형
피복용 유지	총반죽의 30%	588	7) 2차발효 : 온도=27~30℃, 습도=75%, 시간=30~60분 8) 굽기 : 온도=200/150℃, 시간=10~15분

2) 저율배합

① 덴마크 타입

재료명	%	g	제조공정
강력분	60	600	1) 믹싱 : 저속=4분, 중속=2분
중력분	40	400	2) 반죽온도 : 18℃
소금	1.5	15	3) 휴지 : 40~50분
설탕	5	50	4) 성형 : 3 × 3(밀어펴기-접기-휴지-밀어펴기)

마가린	5	50	5) 정형
이스트	6	60	6) 2차발효 : 온도=27~30℃, 습도=75%
탈지분유	3	30	시간=30~60분(상태로 판단)
물	40~45	400~450	7) 굽기 : 온도=210/160℃, 시간=10~14분
달걀	15	150	8) 마무리
롤-인 유지	50	500	

② 프랑스 타입

재료명	%	g	제조공정
강력분	70	700	1) 믹싱 : 저속=4분, 중속=2분
중력분	30	300	2) 반죽온도 : 18℃
소금	1.5	15	3) 휴지 : 40~50분
설탕	10	100	4) 성형 : 3×3(밀어펴기-접기-휴지-밀어펴기)
마가린	8	80	5) 정형
이스트	7	70	6) 2차발효 : 온도=27~30℃, 습도=75%
탈지분유	–	–	시간=40~60분(상태로 판단)
물	30~40	300~400	7) 굽기 : 온도=200/160℃, 시간=14~16분
달걀	25	250	8) 마무리
롤-인 유지	60	600	

③ 독일 타입

재료명	%	g	제조공정
강력분	60	600	1) 믹싱 : 저속=4분, 중속=2분
중력분	40	400	2) 반죽온도 : 18℃
소금	1.5	15	3) 휴지 : 40~50분
설탕	12	120	4) 성형 : 3×3(밀어펴기-접기-휴지-밀어펴기)
마가린	10	100	5) 정형
이스트	6	60	6) 2차발효 : 온도=27~30℃, 습도=75%
우유	15	150	시간=30~60분(상태로 판단)
물	20~30	200~300	7) 굽기 : 온도=210/160℃, 시간=12~14분
달걀	20	200	8) 마무리
롤-인 유지	50	500	

④ 빈 타입

재료명	%	g	제조공정
강력분	70	700	1) 믹싱 : 저속=4분, 중속=2분
중력분	30	300	2) 반죽온도 : 18℃
소금	1.5	15	3) 휴지 : 40~50분
설탕	10	100	4) 성형 : 3×3(밀어펴기-접기-휴지-밀어펴기)
마가린	15	150	5) 정형
이스트	6	60	6) 2차발효 : 온도=27~30℃, 습도=75%
탈지분유	4	40	시간=30~60분(상태로 판단)
물	30~40	300~400	7) 굽기 : 온도=210/160℃, 시간=13~15분
달걀	25	250	8) 마무리
롤-인 유지	40~50	400~500	

3) 고율배합

① 덴마크 타입

재료명	%	g	제조공정
강력분	70	700	1) 믹싱 : 저속=5분, 중속=2분
중력분	30	300	2) 반죽온도 : 20℃
소금	1.7	17	3) 휴지 : 40~60분
설탕	5	50	4) 성형 : 3 × 3(밀어펴기-접기-휴지-밀어펴기)
분당	4	40	5) 정형
이스트	8	80	6) 2차발효 : 온도=27~30℃, 습도=75%
			시간=40~70분(상태로 판단)
물	30~35	300~350	7) 굽기 : 온도=20/150℃, 시간=10~14분
달걀	27	270	8) 마무리
롤-인 유지	75	750	

② 프랑스 타입

재료명	%	g	제조공정
강력분	80	800	1) 믹싱 : 저속=6분, 중속=2분
중력분	20	200	2) 반죽온도 : 20℃
소금	2	20	3) 휴지 : 50~60분

재료명	%	g	제조공정
설탕	20	200	4) 성형 : 3×3(밀어펴기-접기-휴지-밀어펴기)
버터	10	100	5) 정형
이스트	8	80	6) 2차발효 : 온도=27~30℃, 습도=75%
우유	15	150	시간=40~70분(상태로 판단)
물	17~25	170~250	7) 굽기 : 온도=200/150℃, 시간=12~14분
달걀	25	250	8) 마무리
롤-인 유지	70~80	700~800	

③ 독일 타입

재료명	%	g	제조공정
강력분	70	700	1) 믹싱 : 저속=4분, 중속=2분
중력분	30	300	2) 반죽온도 : 18℃
소금	1.7	17	3) 휴지 : 40~50분
설탕	17	170	4) 성형 : 3 × 3(밀어펴기-접기-휴지-밀어펴기)
마가린	12	120	5) 정형
이스트	8~10	80~100	6) 2차발효 : 온도=27~30℃, 습도=75%
우유	30~35	300~350	시간=30~60분(상태로 판단)
물	40~45	400~450	7) 굽기 : 온도=210/160℃, 시간=10~14분
달걀	25	250	8) 마무리
롤-인 유지	75	750	

④ 빈 타입

재료명	%	g	제조공정
강력분	80	800	1) 믹싱 : 저속=6분, 중속=2분
중력분	20	200	2) 반죽온도 : 22℃
소금	1.5	15	3) 휴지 : 40~60분
설탕	12	120	4) 성형 : 3 × 3(밀어펴기-접기-휴지-밀어펴기)
마가린	15	150	5) 정형
이스트	8	80	6) 2차발효 : 온도=27~30℃, 습도=75%
우유	30~40	300~400	시간=50~70분(상태로 판단)
			7) 굽기 : 온도=200/150℃, 시간=11~15분
달걀	20	200	
노른자	6	60	8) 마무리
롤-인 유지	70~80	700~800	

각종 데니시 페이스트리 제법

01 달팽이형 페이스트리 Ⅰ

유지층과 반죽층이 표면에 나타나기 때문에 입안에서 씹는 촉감이 좋은 제품이다. 열의 전도가 좋은 제품이지만 고율배합의 반죽을 너무 저온에서 구우면 유지의 층이 없어질 수 있으니 주의해야 한다. 이 제품은 충전이나 토핑에 의하여 여러 가지 변화를 줄 수 있다.

1) 정형

페이스트리 반죽을 두께 0.5~1cm 정도로 밀어 편다. 밀어 편 반죽을 폭 1cm, 길이 30cm 정도가 되도록 자른 다음 이것을 비틀어서 달팽이 모양으로 정형한다.

2) 굽기

2차발효를 시킨 다음 커스터드크림을 반죽 상면에 짜고 굽기를 하거나 굽기 후 짜기를 한다. 체리나 각종 과일을 얹어 장식을 하기도 한다.

02 스트루델형 페이스트리

데니시 페이스트리 반죽을 파이 형태로 정형한 것으로 철판 길이에 맞추어 길게 자른 제품으로 생산효율은 높으나 굽는 시간을 충분하게 주어야 한다.

1) 정형

반죽을 두께 2mm, 폭 40cm가 되도록 밀어펴기를 한다. 밀어 편 반죽을 폭 10cm로 4장을 만든다(짝수). 한 장의 반죽 중앙 부분에 충전물을 올려놓고 그 주위에 달걀물을 칠한 후 다른 한 장의 반죽을 그 위에 덮고 가장자리를 완전히 봉한다. 칼을 사용하여 정형한 반죽 윗면에 비스듬하게 칼집을 낸다.

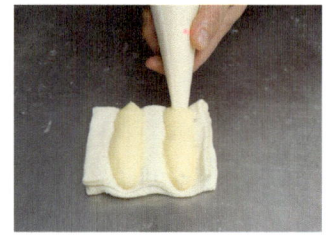

2) 굽기

2차발효 후 윗면에 달걀물을 칠하고 굽기를 한다. 굽기가 끝나면 윗면에 시럽을 바르고 아몬드 슬라이스나 견과류 등으로 토핑을 하여 마무리 한다.

03 초생달형 페이스트리

1) 정형

　페이스트리 반죽을 두께 2 mm, 폭 6cm, 길이 12cm로 밀어펴기를 한 후에 짤주머니에 크림을 넣고 반죽 위에 길이로 짠다. 그 위에 건포도를 뿌린 후 접는다. 초생달 모양으로 완전하게 정형을 하지 않으면 굽기 중에 반죽이 팽창하면서 모양이 변하는 경우가 있으니 주의해서 모양을 잡는다.

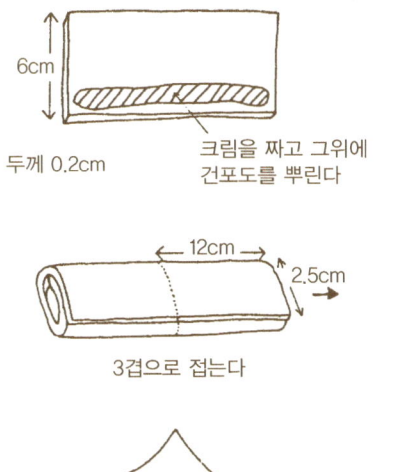

6cm

두께 0.2cm

크림을 짜고 그위에 건포도를 뿌린다

12cm

2.5cm

3겹으로 접는다

중앙을 중심으로 구부린다

2) 마무리

　굽기가 끝난 후 제품 윗면 전체에 살구잼을 바르고 그 위에 파이 부스러기를 부린다. 이렇게 하면 잼에 의해 달라붙는 것을 방지하고 풍미를 증진시킬 수 있다.

04 아몬드 페이스트리

1) 정형

페이스트리 반죽을 9×10cm, 두께 2.5mm로 밀어펴기를 한 다음 반죽의 표면에 충전물을 넣고 10×4.5cm의 장방형으로 접어 겹친다. 길이 10cm로 만든 반죽의 접힌 면에 3군데의 칼집을 내고 약간 구부려서 발효를 시킨다.

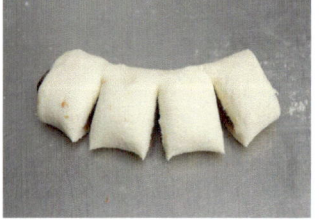

```
←─ 10cm ─→                    ←── 10cm ──→
┌──────────┐      4.5cm ↓ ┌─────────┐      ┌─────────┐      ┌─────────┐
9cm│          │    →         │         │  →   │ │ │ │   │  →   │ \ / \ / │
└──────────┘              └─────────┘      └─────────┘      └─────────┘
              2겹이 되게 접는다      3군데 칼집을 낸다     약간 구부리기를 한다.
```

2) 굽기

2차발효가 끝나면 반죽 표면에 달걀물을 칠하고 아몬드 조각을 뿌려 굽기를 하거나 굽기가 완료된 후에 살구잼을 바르고 볶은 아몬드 조각을 뿌려 완성한다.

05 사과 페이스트리

1) 정형

두께 2.5mm로 밀어펴기를 하고 폭 22cm 정도의 장방형으로 자른 다음 윗면 중앙에 케이크 크럼을 뿌리고 삶은 사과를 올려놓은 후 다른 반죽을 덮어 가장자리를 단단히 봉한다.

2) 마무리

굽기가 끝나면 제품 윗면에 살구잼 또는 버터크림을 바르고 그 위에 볶은 아몬드 조각이나 빵가루를 뿌려서 폭 3~4cm 정도로 잘라 상품화 한다.

※사과 조리법

재료	%	제조법
사과	100	1)사과의 껍질을 벗기고 속의 씨를 제거한 후 얇게 썬다.
설탕	40	2)그릇에 설탕, 레몬 껍질, 사과를 넣고 설탕이 완전히 사과에 스며들 때까지 끓인다. 이때 그릇에 물을 넣지 않아도 사과로부터 수분이 나와 설탕이 타지 않지만 사과의 수분이 나오기 전에 설탕이 녹으면 타기 쉬우므로 주의해야 한다.
레몬 껍질	약간	3)마지막에 계피가루를 넣고 골고루 섞은 후 냉각시켜 사용한다.
계피가루	약간	* 여러 가지 파이 제품에도 사용

06 바나나 페이스트리

1) 정형

페이스트리 반죽을 밀어 펴서 길이 14cm, 폭 6~7cm, 두께 2~2.5mm로 재단하고 반죽의 가장자리를 달걀물로 칠한 다음 중앙부분에 커스터드크림을 짜 넣고 그 위에 바나나를 올려놓은 후 반죽으로 싼다. 이음매를 아래로 가게하며 바나나 모양과 같이 약간 구부린다. 바나나를 알맞은 크기로 썰어서 사용하는 방법도 있다.

바나나 이외에도 계절에 맞는 과일을 충전물로 사용하고 그 이름을 붙인다. 정형이 끝나면 반죽 표면에 달걀물을 칠하고 윗면 전체에 소보로를 골고루 뿌린다.

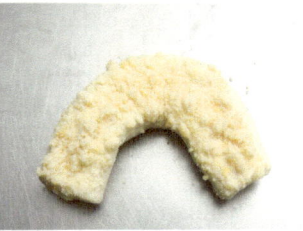

2) 굽기

2차발효를 시키고 200/160℃에서 굽는다.

07 블루베리 페이스트리

1) 정형

반죽을 두께 3mm 정도로 밀어 펴고 사방 13cm의 정사각형으로 재단한다. 반죽의 중앙부에 크림을 짜놓고 네 꼭짓점을 중심부로 접어서 손가락으로 눌러 고정시킨다.

2) 굽기

2차발효실에서 발효를 시키고 원형 모양깍지를 사용해서 반죽의 중앙부에 블루베리 잼을 30g 정도 짜 넣고 굽기를 한다.

08 딸기 페이스트리

1) 정형

페이스트리 반죽을 두께 4mm로 밀어 펴고 가로, 세로 10cm 정도의 정사각형으로 자른 다음 은박지에 올려놓고 발효를 시킨다.

2) 굽기

발효를 충분히 시킨 후 반죽 윗면에 달걀물을 칠하고 딸기 잼 또는 커스터드크림을 반죽 중앙부분에 짜 넣은 다음 굽기를 한다.

09 브레첼

브레첼 모양은 스위트 도 뿐만 아니라 각종 빵의 정형에 있어 가장 기본적인 것으로 여기에서는 중앙부에서 엮는 부분을 위로 내밀어서 정형하는 것이 특징이다.

1) 정형

페이스트리 반죽을 두께 7.5mm, 길이 35cm로 밀어펴기를 한다. 이것을 폭 1cm로 자른 다음 아래 그림과 같이 정형한다.

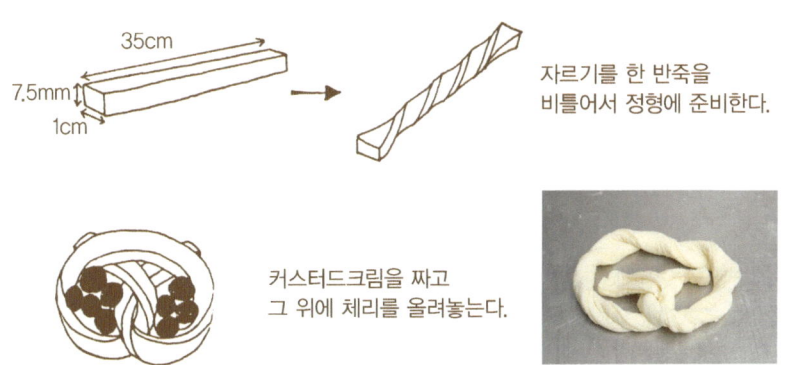

35cm
7.5mm
1cm

자르기를 한 반죽을 비틀어서 정형에 준비한다.

커스터드크림을 짜고 그 위에 체리를 올려놓는다.

2) 발효

온도 30℃ 이하의 약간 낮은 온도에서 발효를 시킨다. 정형에 의해서 반죽층과 유지층의 단면이 표면에 많이 나오기 때문에 너무 높은 온도에서 2차발효를 하면 유지가 흘러나와 맛은 물론 물리적 특성이 나빠진다.

3) 굽기

발효가 끝나면 반죽 표면에 달걀물을 칠하고 커스터드크림을 충분히 짠 다음 그 위에 체리 또는 과일조림을 올려서 굽기를 한다.

10 달팽이형 페이스트리 Ⅱ

대표적인 데니시 페이스트리의 일종으로 여성에 적합한 백포도주를 사용한 크림은 이런 종류의 제품에 잘 어울린다.

1) 정형

페이스트리 반죽을 밀어 펴서 두께 7.5mm, 길이 35cm, 폭 1cm로 자르고 아래 그림과 같은 방법으로 만든다.

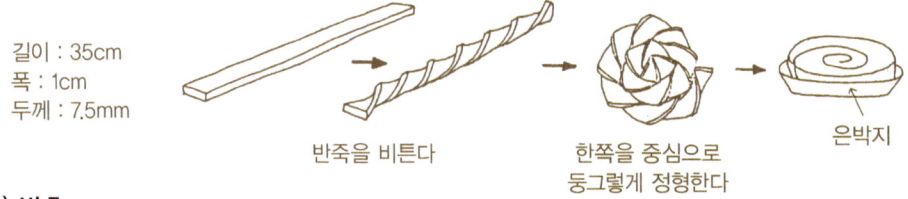

길이 : 35cm
폭 : 1cm
두께 : 7.5mm

반죽을 비튼다　　　　한쪽을 중심으로　　　은박지
　　　　　　　　　　둥그렇게 정형한다

2) 발효

은박지에 넣고 낮은 온도(27~30℃)에서 발효를 시키고 커스터드크림 또는 백포도주를 사용한 크림을 반죽 윗면에 짜 넣고 그 위에 살구를 얹어 굽는다.

3) 마무리

구운 제품 표면에 잼을 골고루 바른다.

※백포도주 크림

재료	%	제조법
우유	100	1)우유를 끓인다. 2)설탕, 노른자, 밀가루를 골고루 혼합한다. 3)끓는 우유를 넣으면서 크림을 만든다.(호화상태) 4)백포도주를 넣고 혼합한 후 냉각시켜 사용한다.
설탕	60	
달걀 노른자	30	
밀가루	15	
백포도주	100	

11 크림치즈 페이스트리

1) 정형

페이스트리 반죽을 두께 5mm로 밀어 펴고 폭 4cm, 길이 10cm로 재단하고 아래 그림과 같이 정형한다.

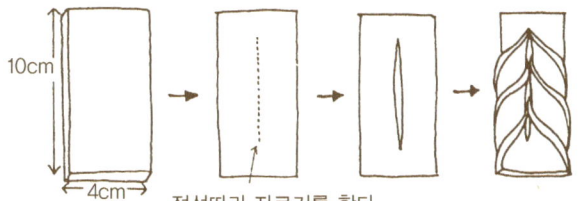

10cm

4cm

점선따라 자르기를 한다

한쪽면은 위에서 아래로 넣고 또 다른 한쪽면은 아래에서 위로 넣어 뺀다. 그림과 같이 정형된 제품 전체에 분말치즈를 골고루 묻힌다.

2) 발효 및 굽기

낮은 발효실 온도(27~30℃)로 충분히 발효를 시킨 후 중 앙부분에 치즈크림을 짜서 넣고 굽기를 한다.

12 롤형 페이스트리

1) 정형

　페이스트리 반죽을 두께 3mm, 폭 40cm, 길이 80cm 정도로 밀어 편다. 이 반죽 위에 물을 칠하고 〈계피설탕〉을 골고루 뿌린 후 롤 상태로 말기를 한다.

　직경 4cm, 길이 80cm 정도의 원기둥 모양의 롤을 냉동실에 약 1시간 정도 넣었다가 꺼내서 폭 2~3cm 정도로 자른다. 은박접시에 올려놓고 발효실에 넣는다.

2) 발효

　28~30℃ 온도의 발효실에서 천천히 발효를 시킨다.

3)굽기

　발효가 끝난 반죽 윗면에 달걀물을 칠하고 쌍백당을 뿌리거나 달걀물만 칠하고 굽기를 한 후 윗면에 퐁당을 바른다. 굽기 온도는 200/160℃를 표준으로 한다.

13 앙금 페이스트리

1) 정형

페이스트리 반죽을 두께 2.5mm 정도로 밀어 펴서 사방 10cm의 정방형으로 재단한다.

반죽 한쪽에 앙금을 길게 올려놓고 반대쪽에 달걀물을 칠한 후 롤 형태로 둥그렇게 만다. 위에서 납작하게 눌러서 칼집을 내고 2차발효를 시킨다.

2) 굽기 및 마무리

발효가 끝나면 굽기를 하고 윗면에 잼을 바르고 퐁당을 바르든가 호두가루나 아몬드 슬라이스를 뿌려서 마무리 한다.

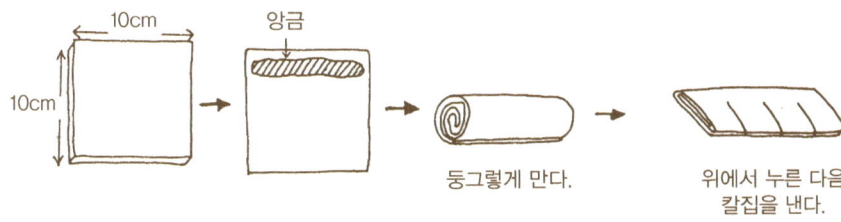

14 제빵 기능사 실기용 페이스트리

1) 배합표

재료	%	g
강력분	80	720
박력분	20	180
물	45	405
이스트	5	45
소금	2	18

재료	%	g
설탕	15	135
마가린	10	90
탈지분유	3	27
달걀	15	135
롤인 유지	총 반죽의 30%	526.5(527)

2) 제조공정 (스트레이트법)

믹싱	1) 마가린과 충전용 유지를 제외한 모든 재료를 믹서 볼에 넣고 중속으로 4~5분간 믹싱한다. * 고속으로 반죽할 경우 반죽온도가 상승될 우려가 있다. 반죽온도는 20℃를 유지해야 한다. 2) 마가린을 넣고 중속으로 발전단계까지 믹싱한다(반죽온도 20℃). * 믹싱을 오래하면 완제품의 껍질이 부서지기 쉽고, 오븐 스프링은 좋은 반면 최종 제품에서 주저 앉을 수도 있다.
1차발효	1) 표면이 마르지 않도록 반죽을 비닐이나 헝겊에 싸서 냉장고에서 30분간 휴지를 시킨다.
분할 및 중간발효	1) 두께가 고르고 모서리가 직각인 직사각형으로 밀어 편 후 충전용 유지를 올려 놓는다. 2) 유지를 반죽으로 싸고 이음매를 꼭 여며준다. 3) 3겹 접기를 3회 실시한다. 매 접기마다 30분씩 냉장휴지를 시킨다. * 접기를 할 때는 덧가루를 잘 털어내야 제품의 결이 나빠지거나 딱딱해지지 않는다. 4) 지시받은 모양으로 만든다. * 페이스트리 반죽을 자를 때는 날카로운 칼을 이용하고 자투리 반죽이 많이 생기지 않도록 자른다.
정형	**초승달형** ① 두께 0.25~0.3cm로 반죽을 밀어 편 후 높이 20cm, 밑변 10cm의 이등변삼각형으로 자른다. ② 밑변 쪽에서 꼭지점 방향으로 만다. ③ 반죽의 양끝을 구부려 초승달 모양으로 성형한다. 초승달형 **바람개비형** ① 반죽을 0.5cm 두께로 밀어 편 후 10cm의 정사각형 모양으로 자른다. ② 반죽을 각 꼭지점에서 중심 방향으로 잘라서 한쪽 끝만 중심에 붙여 바람개비 모양으로 성형한다. 바람개비형 **포켓형** ① 반죽을 0.5cm 두께로 밀어 편 후 10cm의 정사각형 모양으로 자른다. ② 반죽을 각 꼭지점에서 중앙 부분으로 꼭 붙인다. **달팽이형** ① 1cm의 두께로 반죽을 밀어 편 후 가로 1cm, 세로 30cm의 긴 막대 모양으로 자른다. ② 반죽의 양끝을 잡고 비튼 후 돌돌 말아 성형한다. 이때 너무 단단히 말면 구웠을 때 위로 튀어 나오므로 주의한다. 달팽이형
2차발효	1) 온도 28~33℃, 습도 75~82% 상태에서 25~30분간 2차발효 시킨다. * 보통 빵 반죽의 75~80%까지 발효시킨다.
굽기	1) 윗불 190℃, 아랫불 160℃ 오븐에서 15~18분간 굽는다. * 껍질색은 황금갈색을 띠고 옆면과 바닥에도 구운색이 들어야 한다.

제 7 절 특수빵과 기타

 프랑스빵 French Bread

　프랑스빵은 빵의 제조방법 중에서 상당히 까다로운 빵 중의 하나이다.

　일명 '바게트'라고 불리는 빵도 여러 가지 프랑스빵의 일종이다. 설탕, 유지, 달걀이 들어가지 않으며 주원료인 밀가루와 이스트, 소금, 물만으로 된 배합이기 때문에 발효관리 조건의 폭이 좁고 또한 믹싱과 발효의 과소 및 과다, 성형의 숙련정도, 자르기 방법, 증기 오븐의 사용방법, 오븐의 구조 등이 모두 중요한 요인이 되며 이중 한 가지라도 잘못되면 품질에 영향을 미치게 된다.

(1) 배합표

재료	%	g
강력분	100	1000
물	65	650
이스트	3.5	35
제빵개량제	1.5	15
소금	2	20
계	172	1720

(2) 제조공정 (스트레이트법)

믹싱	모든 재료를 믹서 볼에 넣고 1) 저속=2분, 중속=8~10분 * 반죽의 80%만 믹싱 2) 반죽온도=24℃	
1차발효	반죽의 표피가 매끄럽게 되도록 만들어 1) 온도=27℃ 2) 습도=75% 3) 발효시간=70~80분	
분할	1) 200g씩 분할 2) 타원형 둥글리기	
중간발효	반죽 표면이 마르지 않도록 비닐을 덮어 실온에서 20~30분	
정형	1) 반죽에 덧가루를 사용하면서 손으로 밀어 펴 가스를 뺀다. 2) 이음매를 느슨하게 눌러 붙이면서 3절 접기를 한다. 　덧가루는 털어낸다. 3) 30cm 전후의 둥근 막대 모양으로 성형하고 　이음매가 밑으로 가도록 팬닝한다.	
2차발효	1) 온도=30~33℃ 2) 습도=75% 3) 시간=50~70분	
굽기	1) 발효 된 반죽 표면을 건조시키고 　칼을 45°로 기울여서 간격이 　일정하도록 3개의 칼집을 넣는다.(길이에 따라 결정) 2) 굽기 초기에 물을 분무하거나 스팀을 분사한다. 3) 온도=200℃/180℃ 4) 시간=25~30분	

이름	의미	반죽중량	구운 후 무게	길이	모양
Deux-Livres		850g	680g	55~55cm	
Parisien	Parisian	650g	500g	67~68cm	
Baguette	Cane	350g	280g	67~68cm	
Batard	Mixture	350g	280g	40cm	
Flûte	Flute	250g	200g	62~63cm	
Ficelle	String	150g	120g	30cm	
Boule	Ball	350g	280g		
Champignom	Mushroom	60g	48g		
Fendu	Twin	(L)350g (L)50g	280g 40g		
Tabatiére	Tabacco-pouch	(L)350g (L)50g	280g 40g		
Coupé	Cut	150g	120g		

02 하드롤 Hard Roll

(1) 배합표

재료	%	g
강력분	100	1000
물	58	580
이스트	2.5	25
제빵개량제	1.5	15
소금	1.8	18
설탕	2	20
쇼트닝	2	20
달걀 흰자	3	30
탈지분유	1	10
계	171.8	1718

2) 제조공정 (스트레이트법)

믹싱	유지를 제외한 모든 재료를 믹서 볼에 넣고 클린업 단계에서 유지 투입
	1) 저속=2분, 중속=12분 2) 반죽의 70%까지 믹싱 3) 반죽온도=25℃
1차발효	반죽의 표피가 매끄럽게 되도록 만들어
	1) 온도=27℃ 2) 습도=75~80% 3) 발효시간=60~80분
분할	1) 50g씩 분할 2) 둥글리기
중간발효	반죽 표면이 마르지 않도록 비닐을 덮어 실온에서 10~15분
정형	1) 중간발효 후 다시 한 번 원형으로 둥글리기하여 정형한 후 간격을 일정하게 팬닝한다.
2차발효	1) 온도=30~33℃ 2) 습도=75% 3) 시간=50~60분
굽기	1) 발효 된 반죽 표면을 건조시킨 후 반죽의 윗면에 열십자, 한 줄, 두 줄 등으로 칼집을 낸다. 2) 굽기 초기에 스프레이나 스팀을 이용하여 물을 충분히 분사시킨 후 굽는다. 3) 온도=210℃/180℃ 4) 시간=25~30분

03 통밀빵 Whole Wheat Bread

　통밀빵은 통밀가루만을 이용하거나 통밀을 섞어 만든 빵을 말한다. 나라별로 종류와 특징
이 크게 나뉘는데 회분 비중이 높고 섬유질이 많아 건강한 빵을 대표할 때 자주 거론된다.
독특한 풍미가 있지만 심심한 맛 때문에 샌드위치를 만들 때 사용하면 좋다. 토핑용 오트밀
역시 고소한 풍미를 더해준다.

(1) 배합표

재료	%	g
강력분	80	800
통밀가루	20	200
이스트	2.5	25(24)
제빵개량제	1	10
물	63~65	630~650

소금	1.5	15(14)
설탕	3	30
버터	7	70
분유	2	30(20)
몰트액	1.5	15(14)
토핑용 오트밀	–	200

(2) 제조공정(스트레이트법)

믹싱	버터와 토핑용 오트밀을 제외한 모든 재료를 믹서볼에 넣고 믹싱한 다음 클린업 단계에서 버터를 넣는다. 1) 발전 단계까지 믹싱 2) 반죽온도 25℃ * 몰트액은 물에 풀어서 사용한다.	
1차발효	1) 온도=27℃ 2) 습도 75~80% 3) 발효시간=60~70분	
분할	1) 200g씩 분할 2) 둥글리기	
중간 발효	10~15분	
정형	1) 밀대로 반죽에 생긴 가스를 빼준다. 2) 22~23㎝의 밀대형으로 성형하고 표면에 물칠을 한 다음 오트밀을 충분히 묻힌다. 3) 철판에 4~6개씩 간격을 맞춰 반죽의 이음매가 아래로 가게 하여 팬닝한다. * 윗면 전체에 오트밀이 충분히 묻을 수 있도록 붓을 이용해 물을 골고루 발라준다.	
2차 발효	1) 온도=35~38℃ 2) 습도=85% 3) 시간=30~40분	
굽기	1) 온도=180~190℃/160℃ 2) 시간=15~20분	

04 더치빵 Dutch Bread

껍질에 특색이 있는 네덜란드의 대표적인 빵이며 특히 멥쌀가루로 만든 토핑을 덮어서 한 층 풍미를 더해준다.

(1) 배합표

구분	재료	%	g
빵반죽	강력분	100	1100
	물	60	660
	이스트	3	33
	제빵개량제	1	11
	소금	1.8	20
	설탕	2	22
	쇼트닝	3	33
	탈지분유	4	44
	달걀흰자	3	33
	계	177.8	1956

* 토핑용 반죽

구분	재료	%	g
토핑	멥쌀가루	100	300
	중력분	20	60
	이스트	2	6
	설탕	2	6
	소금	2	6
	물	85	255
	마가린	30	90
	계	241	723

* 토핑 제조법

1) 유지를 제외한 재료를 넣고 주걱을 이용하여 가볍게 혼합한다.
2) 마가린은 용해시켜 반죽이 덩어리가 지지 않도록 섞어 준 후 실온에서 한시간 정도 발효시킨다.

* 1차발효가 끝날 때쯤 제조한다.

(2) 제조공정 (스트레이트법)

믹싱	쇼트닝을 제외한 모든 재료를 믹서 볼에 넣고 1) 저속=2분, 중속=5분, 쇼트닝 투입, 저속=1분, 중속=8분 2) 반죽온도=27℃	
1차발효	반죽의 표피가 매끄럽게 되도록 만들어 1) 온도=27℃ 2) 습도=80% 3) 발효시간=60~70분	
분할	1) 300g씩 분할 2) 타원형 둥글리기	
중간발효	반죽 표면이 마르지 않도록 비닐을 덮어 실온에서 10~15분	
정형	1) 밀대를 이용하여 반죽의 가스를 빼어 준 다음 이음매가 터지지 않도록 봉해서 타원형으로 정형한다. 2) 이음매가 밑으로 오도록 해서 한 팬에 3개씩 팬닝한다.	
2차발효	1) 온도=35~38℃ 2) 습도=80% 3) 시간=25~35분	
굽기	1) 발효 된 반죽 표면을 건조시킨 후 미리 준비해 놓은 토핑용 반죽을 일정한 두께로 고루 바른다. * 발효된 반죽이 주저앉지 않도록 주의한다. 2) 온도=180℃/150℃ → 180℃/150℃ 3) 시간=30분	

05 포카치아 Focaccia

(1) 배합표

재료	%	g
강력분	100	1000
물	80	800
소금	1.6	16
제빵개량제	0.8	8
이스트	4	40
올리브유	4	40
발효반죽	35	350
올리브	12	120
계	236.9	2369

2) 제조공정 (스트레이트법)

믹싱	올리브유, 올리브를 제외한 모든 재료를 넣고 믹싱
	1) 클린업 단계에 올리브유를 넣고 믹싱 2) 반죽온도=30℃
1차발효	반죽의 표피가 매끄럽게 되도록 만들어
	1) 온도=27℃ 2) 습도=75~80% 3) 발효시간=25분
분할	1) 60~80g씩 분할 2) 둥글리기
중간발효	반죽 표면이 마르지 않도록 비닐을 덮어 실온에서 10~15분
정형	1) 반죽의 가스를 빼주면서 원형으로 밀어 편다. 2) 반죽의 윗면에 슬라이스 한 올리브를 올려놓고 팬닝한다.
2차발효	1) 온도=35~38℃ 2) 습도=85% 3) 시간=30~40분
굽기	1) 온도=180℃/160℃ 2) 시간=30~35분 3) 굽기 후 제품의 윗면에 올리브유를 발라준다.

호밀빵의 기본

(1) 호밀가루의 종류

구분	단백질(%)	회분(%)	색	수분(%)	사용한도(%)
흰 호밀 (White Rye)	6~9	0.55~0.65	흰 색	14.5	40
모던라이 (Mordern Rye)	10.1~12.8	0.65~1	어두운 흰색	14.5	30
검은 호밀 (Dark Rye)	12~16	1~2	어두운 색	–	20
라이 밀 (Rye Meal)	평균 12.6	평균 1.9			

(2) 재료의 사용범위 및 기능

1) 필수재료

① 가루 : ㉮ 호밀– 맛, 조직, 색깔
　　　　㉯ 밀– 구조, 가스보유
② 물 : 밀가루 보다 흡수율이 높다.
③ 이스트 : ㉮ 1~2%
　　　　㉯ 20% 호밀가루 : 1.75~2%
　　　　㉰ 30~35% 호밀가루 : 1.5%
④ 소금 : ㉮ 2~5% (2.5~3.5%)
　　　　㉯ 발효안정 효과, 풍미 증진

2) 선택재료

① 이스트 푸드와 반죽개량제 : 0~1%
② 쇼트닝 : ㉮ 1~2%
　　　　㉯ 부드러운 껍질과 속,
　　　　　저장성 증가
　　　　㉰ 주로 기계로
　　　　　성형하는 경우에 사용
③ 맥아 : ㉮ 0~2%
　　　　㉯ 발효 촉진, 껍질색 및 향
④ 당밀 : ㉮ 0~2.5%
　　　　㉯ 향, 속과 껍질 색깔

⑤ 탈지분유 : ㉮ 0~2%
　　　　㉯ 껍질색, 조직, 풍미, 저
　　　　　장성
⑥ 설탕 : 0~2%
⑦ 캐러웨이씨 : 0~2%
⑧ 캐러멜 색소 : 0~2%

(3) 호밀 사워 (Rye Sour)

유산균, 초산균에 의해 발효된 호밀 반죽을 말하며 예전에는 팽창 및 풍미를 내는 역할을 했으나 오늘날에는 사워의 유기산이 호밀가루 반죽의 문제인 낮은 점도를 개선하는 효과가 있어 많이 사용하고 있다. 일반적으로 호밀 함량이 증가하면 사워(Sour)량도 증가하여 사용하는데 40% 이상은 사용하지 않는다.

* 사워 (Sours)의 효과

① 발효시간, 플로어 타임, 반죽시간, 2차발효 시간을 감소하고 부피를 증가한다.
② 기공은 조밀하게 되고 조직은 다소 거칠지만 맛은 자극적인 신맛을 가지며 저장성이 증가 된다.

06 호밀빵 Rye Bread

1) 배합표

재료	%	g
강력분	70	770
호밀가루	30	330
이스트	3	33
제빵개량제	1	11(12)
물	60~65	660~715
소금	2	22
황설탕	3	33(34)
쇼트닝	5	55(56)
탈지분유	2	22
당밀	2	22
계	178~183	1958~2016

* 공정의 특징

① 호밀가루 %가 증가할수록 믹싱속도는 느리게, 믹싱시간은 짧게 한다.

② 믹싱이 부족하면 기계적성과 오븐 스프링이 나쁘고 지나치면 부피가 작고 윗면이 평평하게 된다.

③ 온도가 높으면 끈적거리고 부피도 감소하며 호밀 %가 높을수록 반죽온도를 낮게 하는 것이 좋다.

④ 발효는 일반 식빵에 비하여 짧게 한다.

2) 제조공정(스트레이트법)

믹싱	쇼트닝을 제외한 모든 재료를 믹서 볼에 넣고 클린업 단계에서 쇼트닝 투입 * 물 양은 조절하면서 넣는다. 1) 클린업 단계에서 쇼트닝을 넣고 보통 식빵 반죽의 80% 정도, 즉 발전단계 후기까지 믹싱 2) 반죽온도=25℃	
1차발효	반죽의 표피가 매끄럽게 되도록 만들어 1) 온도=27℃　　2) 습도=80% 3) 발효시간=70~80분	
분할	1) 330g씩 분할　　2) 둥글리기	
중간발효	반죽 표면이 마르지 않도록 비닐을 덮어 실온에서 15~20분	
정형	1) 한 덩어리(one loaf)형 : 　반죽에 덧가루를 뿌려 밀대로 반죽의 가스를 빼주면서 밀어 펴 타원형으로 말아준다.	
2차발효	1) 온도=32~35℃　　2) 습도=85% 3) 시간=50~60분	
굽기	1) 발효가 끝나면 반죽의 윗면 가운데 일자로 칼집을 낸다. 2) 온도=180~190℃/190~2000℃ 3) 시간=30~35분	

07 베이글 Bagel

(1) 배합표

재료	%	g
강력분	100	800
물	55~60	440~480
이스트	3	24
제빵개량제	1	8
소금	2	16
설탕	2	16
식용유	3	24
계	166~171	1328~1368

2) 제조공정 (스트레이트법)

믹싱	모든 재료를 믹서에 넣고 믹싱
	1) 발전단계까지 믹싱 3) 반죽온도=27℃
1차발효	반죽의 표피가 매끄럽게 되도록 만들어
	1) 온도=27℃ 2) 습도=75~80% 3) 발효시간=40~50분
분할	1) 80g씩 분할 2) 둥글리기
중간발효	반죽 표면이 마르지 않도록 비닐을 덮어 실온에서 10~15분
정형	1) 반죽을 약 25~30cm로 밀어준다. 2) 동그란 도넛 모양으로 만들어 이음매 부분을 완전히 봉한다.

2차발효	1) 온도=33℃ 2) 습도=80% 3) 시간=25~30분
	4) 2차발효를 25~30분간 시킨 후 끓는 물에 넣고
	   반죽이 물 위로 떠오르면 건져 내어 물기를 빼고
	   철판 위에 팬닝한다.
	*기호에 따라 깨, 옥수수가루, 치즈를 묻혀 풍미를 돋운다.

굽기	1) 온도=200℃/190℃ 2) 시간=15~20분

08 브뢰트헨 Brötchen

브뢰트헨이란 독일어로 〈소형 빵〉의 총칭이지만 실제로는 저배합의 소형 즉석빵을 가리키며 대표적인 것으로 카이저 롤이 있다.

(1) 배합표

재료	%	g
강력분	80	800
박력분	20	200
이스트	3	30
제빵개량제	1	10
소금	2	20
설탕	3	30
물	60	600
마가린	5	50
탈지분유	5	50
맥아시럽	1	10
계	179	1790

2) 제조공정 (스트레이트법)

믹싱	저속=2분, 중속=2분, 유지투입, 저속=2분, 중속=7분 1) 믹싱은 짧게, 반죽은 약간 되게 한다. 2) 반죽온도=26℃
1차발효	반죽의 표피가 매끄럽게 되도록 만들어 1) 온도=27℃ 2) 습도=75~80% 3) 발효시간=50~60분
분할	1) 40~50g씩 분할 2) 둥글리기
중간발효	반죽 표면이 마르지 않도록 비닐을 덮어 실온에서 15~20분
정형	1) 반죽에 가스를 빼주면서 원형으로 밀어펴기를 한다. 2) 샐러드유를 바른 다음 초생달 모양으로 만들거나 　원형으로 만들어 윗면을 칼로 자른다. 　(카이저 롤 틀을 사용하여 카이저 롤을 만들 수 있다.)
2차발효	1) 온도=33℃ 2) 습도=80% 3) 시간=35~40분 4) 발효 후 반죽의 표면에 달걀물칠을 하고 　아몬드 슬라이스를 올린 뒤 설탕을 뿌린다.
굽기	1) 온도=200℃/190℃ 2) 시간=20~25분

09 그리시니 Grissini

그리시니는 소화에 좋은 건빵의 일종으로 길고 가늘며 표면이 단단하다. 짠맛이 약간 강하므로 이태리인들은 스파게티나 술안주로 즐겨먹는 빵 중의 하나이다. 독일에서는 맥주 안주로도 즐겨 먹으며 또한 소화가 잘 되므로 환자용 빵으로도 사용 된다.

(1) 배합표

재료	%	g
강력분	100	700
이스트	3	21
물	62	434
소금	2	14
설탕	1	7(6)
건조 로즈마리	0.14	1(2)
버터	12	84
올리브유	2	14
계	182.14	1275(1276)

(2) 제조공정 (스트레이트법)

믹싱	저속=2분, 중속=5분 1) 올리브유는 반죽의 초기부터 넣고 반죽은 약간 되게 한다. 2) 반죽온도=27℃
1차발효	반죽의 표피가 매끄럽게 되도록 만들어 1) 온도=27℃　2) 습도=80%　3) 발효시간=30분
분할	1) 30g씩 분할　2) 둥글리기
중간발효	반죽 표면이 마르지 않도록 비닐을 덮어 실온에서 15~20분
정형	1) 반죽에 가스를 빼주면서 35~40cm 길이의 막대기형으로 　모양을 만든다. 2) 철판의 크기에 맞추어서 성형한다.
2차발효	1) 온도=35℃　2) 습도=85%　3) 시간=5~10분
굽기	1) 온도=220/180℃　2) 시간=7~8분 * 굽기는 높은 온도에서 단시간에 굽거나 혹은 　낮은 온도에서 오랫동안 굽는다.

10 스페클빵 Speckle Bread

(1) 배합표

재료	%	g
강력분	100	1000
스페클	25	250
이스트	4	40
제빵개량제	1	10
물	67	670
계	197	1970

(2) 제조공정 (스트레이트법)

믹싱	믹싱 볼에 모든 재료를 넣고 반죽시간은 약간 짧게 한다. 1) 저속=2분, 중속=7~8분 2) 반죽온도=27℃	
1차발효	반죽의 표피가 매끄럽게 되도록 만들어 1) 온도=27℃ 2) 습도=75~80%	
분할	1) 200g씩 분할 2) 둥글리기	
중간발효	반죽 표면이 마르지 않도록 비닐을 덮어 실온에서 15~20분	
정형	1) 반죽에 가스를 빼주면서 타원형으로 성형한다. 2) 정형 후 윗면에 물을 칠한 후 스페클을 묻힌다.	
2차발효	1) 온도=35℃ 2) 습도=75~80% 3) 발효 후 표면이 약간 건조되면 칼집을 낸다.	
굽기	1) 스팀 주입 후 굽는다. 2) 온도=200℃/180℃ 3) 시간=20~25분	

11 빵 드 캄파뉴 Pain de Campagne

(1) 배합표

재료	%	g
강력분	80	800
호밀가루	20	200
크라프트콘	20	200
이스트	3	30
소금	1.5	15
물	60	600
제빵개량제	2	20
달걀흰자	8	80
계	194.5	1945

(2) 제조공정 (스트레이트법)

믹싱	믹싱 볼에 모든 재료를 넣고 믹싱 1) 저속=2분, 중속=10분 2) 반죽온도=27℃
1차발효	반죽의 표피가 매끄럽게 되도록 만들어 1) 온도=28℃ 2) 습도=75~80% 3) 시간=1시간
분할	1) 320g씩 분할 2) 둥글리기
중간발효	반죽 표면이 마르지 않도록 비닐을 덮어 실온에서 20~25분
정형	1) 밀대로 반죽의 가스를 빼주면서 타원형으로 밀어펴기를 한다. 2) 럭비공 모양으로 정형한다.
2차발효	1) 온도=30℃ 2) 습도=75~80% 3) 발효 후 중력분을 체로 쳐서 반죽의 윗면에 뿌리고 칼집을 낸다.
굽기	1) 스팀 주입 후 굽는다. 2) 온도=220℃/200℃ 3) 시간=30분

12 화이트롤 White Roll

(1) 배합표

재료	%	g
강력분	100	1000
설탕	8	80
소금	1.8	18
이스트	4	40
제빵개량제	1	10
버터	20	200
생크림	10	100
물	50	500
계	194.8	1948

(2) 제조공정 (스트레이트법)

믹싱	믹싱 볼에 유지를 제외한 모든 재료를 넣고 믹싱, 클린업 단계에서 유지 투입
	1) 최종단계까지 믹싱　　2) 반죽온도=27℃
1차발효	반죽의 표피가 매끄럽게 되도록 만들어
	1) 온도=27℃　　2) 습도=75~80%　　3) 시간=40~50분
분할	1) 70g씩 분할　　2) 둥글기
중간발효	반죽 표면이 마르지 않도록 비닐을 덮어 실온에서 10~15분
정형	1) 반죽에 가스를 빼주면서 긴 막대기형으로 성형한다. 2) 반죽을 콘스타치에 묻혀 팬닝하고 2차발효를 한다.
2차발효	1) 온도=30℃　　2) 습도=75~80%
굽기	1) 온도=190℃/180℃ * 색이 나지 않도록 굽는 것이 특징

13 누아 에 레젱 Noir et Raisin

(1) 배합표

재료	%	g
강력분	100	1000
설탕	5	50
버터	6	60
이스트	3	30
소금	2	20
탈지분유	5	50
우유	20	200
물	46	460
건포도	20	200
구운 호두	15	150
계	222	2220

(2) 제조공정 (스트레이트법)

믹싱	믹싱 볼에 유지, 건포도, 호두를 제외한 모든 재료를 넣고 믹싱, 클린업 단계에서 유지 투입, 마지막 단계에서 건포도, 호두 투입
	1) 최종단계까지 믹싱 2) 반죽온도=27℃
1차발효	반죽의 표피가 매끄럽게 되도록 만들어
	1) 온도=28℃ 2) 습도=75~80% 3) 시간=60분 후 펀치, 30분
분할	1) 250g씩 분할 2) 둥글리기
중간발효	반죽 표면이 마르지 않도록 비닐을 덮어 실온에서 10~15분
정형	1) 반죽을 밀어 펴서 가스를 빼주면서 3절접기를 하고 2) 긴 타원형으로 정형한다.
2차발효	1) 온도=30℃ 2) 습도=75~80% 3) 시간=60분
굽기	1) 2차발효가 끝나면 반죽위에 중력분을 체로 치면서 뿌려준다. 2) 사선으로 5개의 칼집을 낸다. 3) 온도=210℃/200℃ 4) 스팀 분사 후 20분간 굽는다.

각종 도넛 Doughnuts

(1) 도넛의 원재료

1) 밀가루

밀가루는 도넛의 주원료 가운데 가장 중요한 것이다. 만들려고 하는 도넛의 종류와 모양에 따라서 밀가루를 선택하여야 한다. 그것은 도넛을 입에 넣을 때 씹히는 입맛 또는 풍미에 큰 영향을 주기 때문이다.

예를 들어 다른 조건이 고정화 되어 있을 경우 경질 소맥분 또는 강력분은 기름의 흡수가 적어지는 반면 연질 소맥분 또는 박력분은 기름의 흡수가 많아진다. 따라서 이스트 도넛과 케이크 도넛을 만드는 경우의 밀가루는 질적으로 다른 것을 사용하는 것이 좋다.

연질 소맥분 70%에 대해서 경질 소맥분 30%를 혼합해서 단백질 함량이 비교적 많은 9.5%~10.5%, 회분 0.38~0.42% 정도의 중력분 계열이 케이크 도넛용 밀가루로 적합한 반면에 빵 도넛에 사용되는 밀가루는 준강력분으로 강력분 80%에 박력분 20%를 혼합하는 경우가 많다. 그렇지만 소맥분이 맛에 미치는 영향은 글루텐 함량보다도 글루텐 구조(글루텐 형태)가 더 중요하다고 본다.

즉, 글루텐의 모양이 가늘고 짧은 것이 도넛을 씹을 때의 식감이 좋고 반대로

글루텐 모양이 긴 것은 씹히는 맛이 나쁘다. 일반적으로 미국의 도넛에 사용되는 밀가루는 단백질 12%, 회분 0.42%로 강력분이지만 글루텐의 형이 가늘기 때문에 씹히는 감이 좋다.

여기에 독특한 풍미를 높이기 위해서 대두분, 전립분, 감자분, 고구마분, 메밀가루, 오트밀, 호밀 등을 첨가하기도 한다.

2) 설탕

설탕은 도넛 제품에 여러 가지 영향을 준다. 도넛의 감미를 조정하며, 수용성으로 이스트의 발효원이 되고 도넛의 조직과 부드러움, 껍질색깔, 수분보유 및 노화 억제에 도움이 된다. 반죽에 포함되어 있는 설탕의 함유량은 기름의 흡수에 큰 영향을 미치는데 설탕이 증가되면 기름의 흡수가 증가되고 반죽 자체의 유동성도 늘게 된다.

일반적으로 빵도넛의 경우 밀가루를 100%로 할 때 설탕을 10~15%, 케이크 도넛의 경우

35~50%를 사용한다. 미국에서는 설탕 혹은 포도당을 사용하기도 한다. 조리용 도넛 반죽에는 설탕을 6~8%로 제한하여 사용하는데 이것은 충전물과 어울린 맛의 균형을 이루기 위해서이다. 설탕의 함유량이 10% 이상이 되면 가스 발생이 억제되고 설탕 증가는 흡수율을 감소시킨다.

3) 쇼트닝 (배합용)

도넛 제품을 부드럽게 하고 내상 촉감을 개선하는 역할 및 반죽이 잘 늘어나고 필요 이상의 기름이 흡수되는 것을 막게 하는데 적량의 쇼트닝이 필요하다.

쇼트닝이 글루텐 섬유의 입자 사이에 얇은 막이 되어 윤활유의 역할을 하기 때문에 입에서의 식감을 좋게 한다.

쇼트닝은 동물성 또는 식물성 단독으로, 혹은 동식물 지방의 혼합물로 만든다.

쇼트닝의 종류를 다음 네 가지로 나눌 수 있다.
① 지방 중의 가장 불안정한 지방산만을 선택하여 수소를 첨가하여 경화하고 안정한 상태로 만든 쇼트닝
② 지방 중의 지방산을 비선택적으로 수소첨가하여 경화한 쇼트닝
③ ①, ②와 같이 경화한 것에 양호한 제과특성을 갖게 하기 위하여 다른 액체유를 배합한 쇼트닝
④ ①, ②, ③의 원료 유지를 사용하여 유화성을 특히 강조하기 위하여 유화제를 적정량 혼합한 쇼트닝으로서 도넛용 쇼트닝으로 최적이다. 모노-디 글리세리드를 함유한 것으로 저장성을 증가시키고 도넛의 노화를 지연시키며, 빵의 수분 증발을 막아서 제품에 적당한 촉촉함을 주는 작용을 하기 때문에 도넛용으로 가장 적당하여 미국의 도넛 등에는 이와 같은 유화성 쇼트닝이 사용되고 있다.

4) 달걀

도넛의 경우에는 특히 달걀 노른자가 갖는 역할이 크다. 달걀 흰자는 도넛을 단단하게 하는 경향이 있는 반면 노른자는 도넛의 풍미를 개선시키고 내상, 외상의 색깔을 좋게 하고 보존성, 부드러움, 부피, 식감 등에 좋은 영향을 주기 때문이다.

달걀 노른자는 이스트 도넛보다 케이크 도넛에 미치는 역할이 크고 전란은 프렌치 크룰러(French Cruller)에 다량으로 사용된다.

5) 소금

다른 재료와 미각의 조화를 이루어 도넛의 풍미를 증가시키고, 특히 설탕의 맛은 소금과 조화됨으로서 그의 맛을 발휘한다.

도넛 반죽의 글루텐에 탄력성을 주어 흐트러지기 쉬운 반죽을 모양이 정돈된 탄력 있는 반들반들한 반죽으로 만든다. 또 반죽 중에 잡균번식을 막고 정상적인 발효를 하게하며, 글루텐의 성질 개선으로 세포막을 얇게 하고 가늘고 균일한 기공을 만든다. 그렇지만 발효를 지연시키므로 사용량은 제한되는데 필요 이상으로 사용하면 글루텐을 단단하게 함으로 주의하지 않으면 안 된다.

따라서 여름철에는 겨울철보다, 고율 배합은 저율 배합보다 다소 많이 사용하고 밀가루의 강력도가 높을수록 다소 적게 사용하는 것이 바람직하다.

6) 유제품 (乳製品)

일반적으로 빵과 동일하게 위생적인 측면을 고려하는 것이 좋다. 열처리를 하지 않은 우유는 반죽의 구조에 악영향을 주고 부피도 작아지게 한다. 이 경우에는 반죽시간을 연장하고 온도도 높여야 한다. 우유를 사용할 경우는 물을 사용할 때 보다 반죽시간을 연장해야 한다. 흡수성은 물의 경우보다 좋다.

분유를 사용할 때는 탈지분유의 경우와 전지분유를 구별해서 생각하여야 한다.

전지분유의 경우에는 배합 중의 설탕과 쇼트닝을 약간 줄인다. 그렇게 하지 않으면 완제품의 품질에 차이가 생기고 색상, 튀김 등에도 영향을 미친다.

탈지분유를 사용하면 저장성이 좋고 영양가도 높아지므로 일반적으로 가장 많이 사용되고 있다.

7) 이스트

빵 도넛에는 보통 생 이스트를 사용하며 사용량은 도넛 반죽의 종류에 따라서 다르다.

일반적으로 빵 도넛에는 소맥분을 100%로 할 경우 4~5%의 이스트를 쓴다. 많은 제과점들이 단과자 반죽의 배합으로 도넛을 튀기고 있지만 기호의 다양화, 제품의 고급화에 맞추고 또 회사 간의 경쟁수단으로 배합이 점점 고배합쪽으로 변화하는 현 시점에 맞추어 사용량을 5~7%로 늘리는 경우도 많다.

또한 고배합과 저배합의 정도는 소맥분의 글루텐 구조에 따르는 다른 재료의 무게에 의해

구별하지 않으면 안 된다. 쇼트닝, 달걀, 우유, 설탕의 함유율이 많아지면 글루텐에 대한 부담도 많아지고 그만큼 이스트량도 늘리지 않으면 안 된다.

겨울과 여름, 작업실 온도에 의해서도 전체의 1~2% 가량은 가감한다.

이스트는 고형질을 기준으로 하면 단백질이 대부분이므로 부패하기 쉬워서 항상 신선한 이스트를 사용하는 것이 매우 중요하다.

8) 향료

제과용, 제빵용 향료의 대부분을 도넛의 향료로 사용할 수 있다. 소비성향, 지역적 기호에 의해 결정해야 하며, 대부분은 한 가지 향료만 사용하지만 몇 개의 향료가 조합을 이루면 좋은 풍미를 가져올 수 있다.

바닐라 오일 또는 에센스, 레몬 오일 또는 에센스, 오렌지 오일 또는 에센스, 기타 과일의 에센스, 분말 카더먼, 아몬드 에센스, 호두유, 땅콩유, 생강분말, 각종 제과용 술, 예를 들면 럼주, 브랜디, 포도주 등이 있지만 가장 일반적인 미국 도넛의 향료는 넛메그와 메이스이다.

단독으로 사용 가능하며 다른 향료들과 조합해서도 사용한다. 또한 레몬 껍질이나 오렌지 껍질은 가장 신선한 향료의 하나로서 고급 도넛에 없어서는 안 된다.

9) 튀김용 기름

도넛의 튀김용 기름은 가열 매체로 작용하여 도넛 반죽의 수분 증발, 전분의 알파화, 단백질의 변성을 일으켜서 도넛을 부풀려 가벼운 제품을 만드는 역할을 하는 것이다.

동시에 도넛 속에 삼투해서 풍미를 구성하는 중요한 성분이 되므로 좋은 도넛을 만드는 데는 튀김기름의 선정이 중요하다.

① 튀김기름의 종류

현재 일반적으로 널리 사용되고 있는 도넛 튀김기름은 두 가지로 나눌 수 있다.

하나는 일반적으로 식용유라 알려져 있는 식물성 액상유이다. 대두유, 땅콩기름, 채종유, 미강유, 면실유 등이 여기에 속한다.

다른 하나는 고형의 유지이다. 이것은 라드, 팜유와 같은 천연의 고형유지와 식물성 액상유에 수소를 첨가해서 고형화한 것으로 동식물성 고형유지를 혼합한 것, 식물성 액상유를 혼합한 것, 경화의 정도를 조정한 것 등이 사용되고 있다.

② 튀김용 기름의 특성

도넛 튀김용 기름에 필요한 주요 특성은 풍미, 안정성, 가공 특성의 3가지이다.

풍미는 유지 원료로부터 오는 고유한 것으로 참기름처럼 특유한 향미를 갖고 있는것도 있으나 일반적으로는 무미, 무취로 담백한 것이 도넛 자체의 풍미를 살리는 데 좋다. 그렇지만 유지 원료로부터 발생하는 풍미보다도 가열 공정에서 유지가 변화하여 나쁜 풍미를 주는 경우가 많기 때문에 유지의 안정성을 더욱 중요한 특성으로 삼고 있다. 유지의 안정성은 유지 속에 함유되어 있는 지방산 중 공기 중의 산소로부터 변화를 받기 쉬운 불포화 지방산이 어느 정도 있는가에 의해 결정된다.

일반적으로 식물성의 액상유는 고도의 불포화 지방산이 많고 이것을 수소처리해서 경화한 고형유는 불포화 지방산이 감소되었기 때문에 안정성이 우수하다. 그러나 경화를 과도하게 하면 융점이 너무 높아져서 입속에서 잘 녹지 않는 단점이 생긴다.

③ 튀김용 기름의 관리

도넛의 튀김온도는 보통 180℃~190℃의 고온으로 기름이 산화되기 쉬운 조건에서 사용되고 있으므로 튀김용 기름의 산화를 어떻게 방지하느냐가 도넛의 품질을 일정하게 보전하는 관건이라 할 수 있다.

따라서 튀김용 기름의 관리점으로 중요한 것은 가) 회전율 관리, 나) 온도관리, 다) 이물질 처리의 3가지라 할 수 있다.

가) 튀김용 기름의 회전율은 단위시간내의 튀김기 속의 기름이 도넛에 흡수되어 여기에 대응하는 새로운 기름이 보급되는 비율을 말한다.

예를 들어 튀김기가 160kg의 용량이라고 할 경우 1시간에 2,000개의 도넛을 튀길 때 도넛 1개가 10g의 기름을 흡수한다고 하면 이 튀김기의 기름을 일정하게 유지하기 위해서는 매시간당 20kg의 기름을 보급할 필요가 있다. 이 경우에 기름의 회전율은 20:160이고 시간당 12.5%(20/160)라고 말한다. 1일 8시간의 튀김작업을 한다면 1일에 튀김기 속의 기름 전량과 같은 160kg이 보급되므로 1일 100%의 회전율로 표현 되는 것이다.

이와 같이 유지의 회전율이 크고 새로운 기름의 보급이 충분한 경우는 튀김기속의 기름을 적당한 품질로 유지하는 것이 용이하므로 액상유를 선택해도 좋다.

튀김기를 사용하지 않고 유지의 회전율이 나쁜 경우는 일정한 품질을 유지하기 위해서 안정성이 높은 천연의 고형유나 액체유를 수소첨가해서 만든 고형유를 튀김기름으로 선택할 필요가 있다.

나) 튀김용 기름의 온도 관리

유지의 변질은 온도가 10℃ 상승할 때마다 2배의 속도로 가속화되기 때문에 튀김 작업을 할 때에는 고온으로 있는 시간을 가능한 한 적게 하고 튀김 전후는 저온을 유지하는 것이 품질 저하를 막는 중요한 방법이다.

즉, 튀김시간을 짧게 하고 튀김후의 튀김기름은 온도를 빨리 낮추게 하는 것이다.

다) 도넛의 반죽이나 부스러기 등이 튀김 기름 속에서 탄화(炭化)되어 기름의 변질을 재촉하고 풍미의 저하를 유발한다. 그러므로 탄화물이나 이물질은 빨리 여과해서 제거하는 것이 튀김기름의 품질을 보전하는 방법이 되는 것이다. 가능하면 사용 후 1일 1회의 여과작업을 실시하는 것이 바람직하다고 할 수 있다.

그 외에 튀김용 기름에 영향을 미치는 것으로 빛, 금속 등이 있다. 빛, 특히 자외선에 의하여 화학반응이 촉진되므로 튀김기의 설치장소 등은 태양 광선이 직접 닿는 곳은 피하는 것이 좋다. 또한 금속도 튀김기름의 변질을 촉진하게 되는데 그 중에서도 구리의 영향이 제일 크다.

튀김기를 비롯해서 유지와 접촉하는 용기는 유지의 변질에 영향이 적은 재질로 할 것이며 스텐리스가 가장 바람직하다.

도넛 튀김용 기름의 일반적 특성은 이상과 같은 것이지만 기름은 변질하기 쉬운 것이기 때문에 변질된 유지를 사용한 제품은 풍미가 손상된다는 것을 염두에 두고 목적에 따른 풍미, 가공특성, 안정성 등을 이해한 후에 사용을 해야 한다.

(2) 도넛의 제조 공정

1) 계량

재료 배합을 위한 계량은 정확하여야 한다. 이것은 제품에 직접적인 영향이 있으므로 계량이 정확하지 않은 상태로 반죽을 하면 제품을 망치게 되며 수정시킬 기회도 적다. 미량의 재료를 계량하는 경우에는 정확도가 높은 저울을 사용해야 하는데 특히 소금, 향료, 제빵개량제, 팽창제 등 사용량은 정확이 계량해야 된다.

2) 재료 전처리

혼합에 의한 효과를 한층 더 올리기 위해서는 믹싱 전에 먼저 재료를 전처리하는 것이 좋다.

밀가루는 고운체로 쳐야 되는데 이것은 밀가루내의 이물질을 제거시키면서 밀가루에 공기를 넣어주기 위한 것으로 될 수 있으면 2~3회 행하는 것이 좋다.

〈그림, 이스트 도넛의 제조공정〉

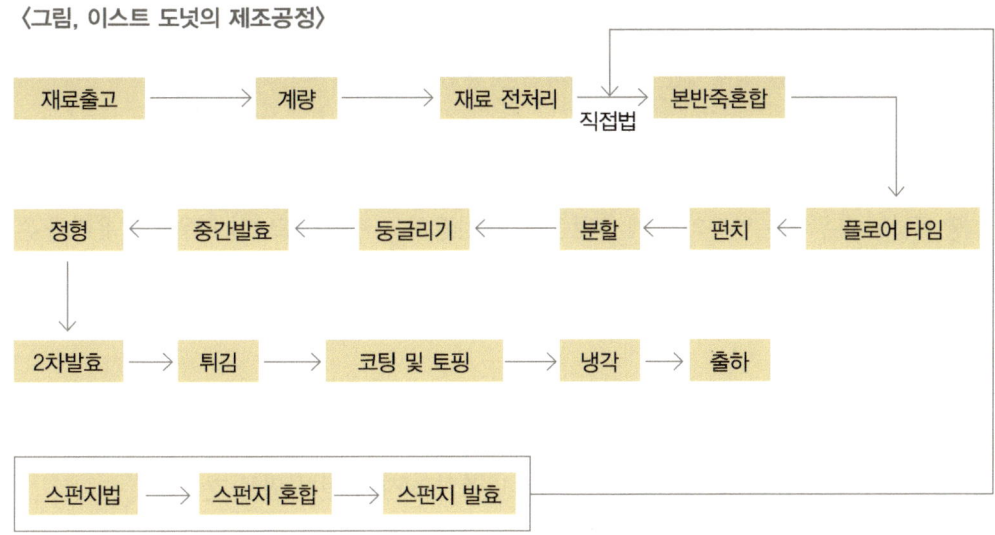

케이크 도넛의 경우에는 베이킹파우더 혹은 소다, 분말향료, 밀가루 이외의 감자가루, 분말 아몬드, 메밀가루, 코코아 등을 사용할 경우에도 밀가루와 함께 체에 쳐서 사용하는 것이 바람직하다.

① 달걀

달걀은 신선한 것을 사용하는데 상한 달걀을 하나라도 반죽에 투입하면 전체 제품의 품질을 현저하게 저하시키는 결과를 가져온다. 그래서 대량으로 사용할 경우에는 10개 정도를 작은 그릇에 계량하여 큰 그릇으로 옮겨 사용하는 것이 좋다.

② 이스트와 팽창제

이스트를 균일하게 분산시키기 위해서 소량의 물로 충분히 녹여주는 것이 좋다.

베이킹파우더는 밀가루와 함께 체로 쳐서 사용하면 된다. 이스트는 고형질의 대부분이 단백질이기 때문에 썩기 쉬우므로 이스트가 신선하고 활력이 있는지를 사용 전에 꼭 확인을 한다. 이것은 완제품에 중대한 영향이 미치기 때문이다.

③ 우유

우유는 끓기 직전까지 가열한 후 냉각해서 사용하는 것이 좋으며 프렌치 크룰러의 경우에는 직접 우유를 끓여서 뜨거울 때 투입하므로 전처리 공정은 필요 없다.

탈지분유를 사용할 경우에는 온수로 녹여 사용한다.

④ 설탕

빵 도넛인 경우에는 일부의 물에 설탕을 녹여 사용하고 케이크도넛의 경우에는 유지와 혼합해서 크림상태로 만들거나 우유에 녹여 사용한다.

3) 반죽 혼합

이 작업은 무엇보다도 기본적인 중요한 작업으로 될 수 있는 한 원료를 균일하게 분산시키고 글루텐 구조를 균일하게 만들어 이상적인 반죽의 신장을 얻기 위한 것이다.

따라서 반죽기에 대해서 반죽이 너무 적어도 혼합하기 어렵고 너무 많아도 충분한 효과를 얻을 수 없다.

일반적으로 반죽의 온도가 낮으면 흡수율이 증가한다. 이 경우 반죽 시간은 약간 길어지지만 믹싱의 속도와 시간은 반죽기의 성능, 반죽량, 소맥분의 성질, 반죽의 배합이나 도넛의 제품 형태에 따라 달라진다.

반죽 온도는 일반빵보다 약간 높게 한다. 일반적으로 굽는 것과는 달리 180℃ 이상의 기름 온도에 바로 접하기 때문에 반죽 온도를 약간 높게 하는 것이 좋다.

4) 플로어 타임

분할 등으로 상처 입은 반죽을 회복시키고 신장성이 좋은 반죽을 만들기 위해서 26~28℃의 실온에서 비닐로 덮어 표피가 마르는 것을 방지한다.

5) 가스 빼기부터 정형까지

가스 빼기 시기는 전체 발효시간의 55~65%일 때에 실시하고 반죽의 회복을 위한 벤치타임을 준 후 링 도넛의 경우에는 정형에 들어간다.

다른 방식으로 정형을 하는 것은 작게 분할해서 둥글리기를 한 후 글루텐의 신장방향을 정돈하고 신장성을 소생시키기 위한 중간발효 시간을 주어 정형에 들어간다. 정형시 글루텐의 신장성이 나쁘거나 가스가 균일하게 빠지지 않으면 제품이 나빠지므로 주의하여야 한다.

6) 2차발효

온도 34~38℃, 습도 75~80% 정도가 적절하다. 2차발효 시간은 도넛의 배합과 특성, 기타 조건에 따라 다르지만 과도하게 발효시키면 필요 이상으로 튀김유를 흡수함으로 주의해야 된다.

7) 튀김

적정한 튀김유의 온도는 도넛 제조 과정 중 가장 중요한 작업의 하나이며 사용하는 기름의 종류, 반죽 배합, 크기 등에 따라 다소 달라진다.

케이크도넛은 이스트도넛에 비해 박력분이 많이 사용되고 설탕의 함유율도 높으므로 너무 낮은 온도로 튀기는 것은 바람직하지 못하다.

또한 필요 이상으로 낮은 온도로 튀기면 반죽에 기름이 많이 흡수되어 느끼한 제품이 되고, 너무 높으면 색이 너무 진하게 되면서 부풀지도 않고 껍질이 단단하게 된다. 일반적인 튀김유의 온도는 180~196℃의 사이 이지만 반죽의 특성과 기름이나 튀김기계의 기능을 감안하여 조건이 맞는 온도로 튀긴다.

8) 마무리

제품을 상품화하는 최종 공정으로 충전물을 넣는 것과 글레이즈 등으로 코팅하는 작업을 한다. 튀긴 도넛을 잠시 놓아두면 표면에 기름이 마르지만 아주 더운 도넛에 글레이즈를 하거나 완전히 냉각한 후 설탕을 묻히는 것 등 글레이즈 종류에 따라 공정이 달라진다. 또한 분당 등을 뿌릴 경우에는 차게 해서 시행해야 하며 충전물을 넣을 경우는 필링 재료의 부패를 피하기 위해 냉각 후가 적합하다.

(3) 도넛의 토핑과 글레이즈

도넛용의 글레이즈는 여러 가지 종류가 있으므로 목적에 따라 제품에 맞는 것을 선택 할 필요가 있다.

글레이즈는 제품에 변화를 주고 시각적으로 광택을 내기 위하여 사용하는 것으로 너무 액체처럼 흐르는 것은 좋지 않고, 바른 다음 광택이 반들반들하게 남도록 해야한다.

대부분의 경우에 퐁당(fondant)이나 잼 또는 프렌치 글레이즈(French Glaze)를 사용하며 일반적으로 글레이즈에는 안정제를 넣어 사용한다.

안정제는 젤라틴, 한천 또는 펙틴을 사용하며 때로는 옥수수 전분(corn starch)을 사용하는 경우도 있다. 제품 위에 토핑(topping)을 할 경우에도 글레이즈를 칠하고 마르기 전에 토핑을 하거나 아이싱을 한 후에 토핑을 한다.

1) 글레이즈와 아이싱 (Glaze and Icing)

① 바닐라 글레이즈 (Vanilla Glaze)

재료	%	g
분당	100	500
물엿	10	50
소금	0.2	1
젤라틴	1.8	9
물	20	100
바닐라향	0.4	2

* 제조과정
1) 젤라틴은 얼음물에 담가 팽윤시킨다.
2) 물엿, 소금, 물을 넣고 끓여준 후 불린 젤라틴을 넣고 분당을 넣어 글레이즈를 만든다.
3) 마지막으로 바닐라향을 넣는다.

② 과일 글레이즈 (Fruit Icing)

재료	%	g
분당	100	500
물엿	10	50
물	22	110
소금	0.3	1.5
젤라틴	1.8	9
구연산	0.17~0.2	0.65~1
과일껍질	적량	
과일향	적량	

* 제조과정
1) 바닐라 글레이즈와 만드는 법이 동일
2) 각종 과일 향 중에 선택을 하며 그 과일향의 과일은 껍질을 갈아 사용하면 좋다.
3) 구연산은 신맛을 내는 과일을 사용할 때 맛을 강화한다.(예 : 레몬 글레이즈)

③ 프렌치 아이싱 (French Icing)

재료	%	g
분당	100	500
달걀흰자	10	80~100

* 제조과정

1) 분당, 흰자를 섞어 중탕으로 45~50℃에서 글레이즈를 만든다.
2) 용도에 따라 되기를 조절한다.

④ 초콜릿 아이싱 (Chocolate Icing)

재료	%	g
설탕	100	500
물엿	10	50
물	55	275
젤라틴	2	10
초콜릿	적량	

* 제조과정

1) 물에 설탕, 물엿을 넣고 112℃로 끓여서 시럽을 제조한다.
2) 초콜릿은 중탕으로 녹이고 불린 젤라틴과 끓인 시럽에 넣어 초콜릿 아이싱을 만든다.

⑤ 퐁당 아이싱 (Fondant Icing)

재료	%	g
설탕	100	500
물엿	15	75
주석산크림	5	25
물	적량	

* 제조과정

1) 설탕에 소량의 물로 포화당액을 만들고 물엿, 주석산크림을 넣고 117℃까지 끓인 후 38℃까지 냉각시켜 사용한다.
2) 도넛에 사용할 경우에는 약간 따뜻하게 하며 소량의 달걀 흰자를 넣고 잘 섞어서 글레이즈하기 쉬운 농도로 조절한다.

2) 토핑 (Topping)

도넛의 토핑 재료는 특정하거나 정해진 재료가 아니다. 제과제빵의 재료 중에서 제품의 특성에 맞게 선택하면 된다. 일반적으로 아몬드, 코코넛, 호두, 땅콩, 빵가루, 케이크가루, 콘플레이크 등이 사용된다.

① 케이크가루 토핑 (Cake Crumb Topping)

재료	%	g
케이크가루	100	500
설탕	40	200
호두	40	200

* 제조과정
1) 케이크가루(혹은 빵가루)를 체로 쳐서 설탕과 섞는다.
2) 호두는 잘게 썰어 같이 혼합한다.

② 버터 페이스트 토핑 (Butter Paste Topping)

재료	%	g
밀가루	100	500
버터	75	375
설탕	50	250
바닐라향	0.6	3

* 제조과정
1) 소보로와 같이 제조한 다음 철판에 얇게 깔아 오븐에서 반쯤 굽는다.
2) 소보로와 같이 잘게 부수어 다시 구운 후 토핑에 사용한다.

③ 아몬드 페이스트 토핑 (Almond Paste Topping)

재료	%	g
밀가루	70	350
아몬드분말	30	150
버터	75	375
설탕	50	250
바닐라향	0.6	3

* 제조과정
1) 모든 재료를 섞은 다음 철판에 얇게 깔아 오븐에서 반쯤 굽는다.
2) 소보로와 같이 잘게 부수어 다시 구운 후 토핑에 사용한다.

14 빵 도넛 Yeast Raised Doughnut

1) 배합표

재료	%	g
강력분	80	880
박력분	20	220
설탕	10	110
쇼트닝	12	132
소금	1.5	16.5(16)
탈지분유	3	33(32)
이스트	5	55(56)
제빵개량제	1	11(10)
바닐라향	0.2	2.2(2)
달걀	15	165(164)
물	46	506
넛메그	0.2	2.2(2)
계	193.9	2132.9(2130)

2) 제조공정 (스트레이트법)

믹싱	쇼트닝을 제외한 모든 재료를 넣고 믹싱, 클린업 단계에서 쇼트닝 투입
	1) 보통 식빵 반죽의 90% 믹싱 2) 반죽온도=27℃
1차발효	반죽의 표피가 매끄럽게 되도록 만들어
	1) 온도=27℃ 2) 습도=75~80% 3) 시간=40~50분
분할	1) 46g씩 분할 2) 둥글리기
중간발효	반죽 표면이 마르지 않도록 비닐을 덮어 실온에서 10~15분
정형	1) 반죽에 가스를 빼주면서 25~30cm로 길게 밀어 8자형, 꽈배기형을 각각 22개씩 만든다. 2) 요구사항에 따라 장방형으로 밀어 펴서 링 도넛을 만든다.
2차발효	1) 온도=30~32℃ 2) 습도=75% 3) 시간=20~25분
튀기기	1) 2차발효가 끝나면 반죽의 표피를 건조시킨다. 2) 튀김온도 및 시간=180℃, 1분 30초~2분 3) 냉각 후 계피설탕(계피 1: 설탕 9)을 묻힌다.

15 찹쌀 꽈배기 도넛 Glutinous Rice-twisted Doughnut

1) 배합표

재료	%	g
강력분	60	600
찹쌀가루	40	400
설탕	8	80
소금	2	20
탈지분유	4	40
버터	8	80
이스트	4	40
달걀	12.5	125
물	28	280
계	166.5	1665

2) 제조공정 (스트레이트법)

믹싱	유지를 제외한 모든 재료를 넣고 믹싱, 클린업 단계에서 유지 투입 1) 최종단계까지 믹싱 2) 반죽온도=27℃
1차발효	반죽의 표피가 매끄럽게 되도록 만들어 1) 온도=27℃ 2) 습도=75~80% 3) 시간=50~60분
분할	1) 45g씩 분할 2) 둥글리기
중간발효	반죽 표면이 마르지 않도록 비닐을 덮어 실온에서 10~15분
정형	1) 반죽에 가스를 빼주면서 30cm로 길게 밀어 꽈배기 모양으로 꼬아준다. 이음매 부분이 떨어지지 않도록 잘 붙인다.
2차발효	1) 온도=35~38℃ 2) 습도=75% 3) 시간=30~40분
튀기기	1) 2차발효가 끝나면 발효실에서 꺼내어 반죽의 표피를 약간 건조시킨다. 2) 튀김온도=180℃ 3) 냉각 후 계피설탕을 묻힌다.

16 단팥 도넛 Red Bean Doughnut

1) 배합표

재료	%	g
강력분	80	800
박력분	20	200
설탕	10	100
쇼트닝	12	120
소금	1.5	15
탈지분유	3	30
이스트	5	50
제빵개량제	1	10
바닐라향	0.2	2
달걀	15	150
물	46	460
넛메그	0.3	3
계	194	1940

2) 제조공정(스트레이트법)

믹싱	유지를 제외한 모든 재료를 넣고 믹싱, 클린업 단계에서 유지 투입 1) 최종단계까지 믹싱 2) 반죽온도=27℃
1차발효	반죽의 표피가 매끄럽게 되도록 만들어 1) 온도=27℃ 2) 습도=75~80% 3) 시간=50~60분
분할	1) 45g씩 분할 2) 둥글리기
중간발효	반죽 표면이 마르지 않도록 비닐을 덮어 실온에서 10~15분
정형	1) 손으로 반죽을 눌러 펴고 팥앙금 30g을 포앙한다. 2) 반죽의 이음매가 터지지 않도록 한다.
2차발효	1) 온도=35~38℃ 2) 습도=75% 3) 시간=30~40분
튀기기	1) 2차발효가 끝나면 반죽에 표피를 건조시키고 구멍을 내어 튀긴다. 2) 튀김온도=180℃ 3) 냉각 후 계피설탕을 묻힌다.

17 크로켓 Croquette

(1) 배합표

재료	%	g
강력분	100	1000
물	45	450
이스트	3	30
제빵개량제	1	10
소금	2	20
설탕	18	180
마가린	12	120
탈지분유	3	30
달걀	15	150
계	199	1990

* 충전물

재료	%	g
양파	60	600
당근	10	100
양배추	20	200
돼지고기	20	200
감자	60	600
달걀	30	300
소금	약간	약간
후춧가루	약간	약간

* 충전물
1) 감자, 달걀은 삶아서 곱게 으깬다.
2) 양파, 당근, 양배추, 돼지고기는 같은 크기로 잘게 썰어 볶는다.
3) 소금, 후춧가루로 간을 맞춘다.

(2) 제조공정 (스트레이트법)

믹싱	유지를 제외한 모든 재료를 넣고 믹싱, 클린업 단계에서 유지 투입 1) 반죽은 일반빵보다 약간 짧게 믹싱 2) 반죽온도=27℃
1차발효	반죽의 표피가 매끄럽게 되도록 만들어 1) 온도=27℃ 2) 습도=75~80% 3) 시간=50~60분
분할	1) 45g씩 분할 2) 둥글리기
중간발효	반죽 표면이 마르지 않도록 비닐을 덮어 실온에서 10~15분
정형	1) 손으로 반죽의 가스를 빼면서 원형으로 눌러 충전물 30g을 싼다. 2) 충전물이 밖으로 나오지 않도록 이음매를 확실히 붙인 후 반죽에 물을 칠하고 빵가루를 묻혀 팬이나 나무판 위에 나열한다.
2차발효	1) 온도=33~35℃ 2) 습도=80~85% 3) 시간=30~40분
튀기기	1) 2차발효가 끝나면 발효실에서 꺼내어 반죽의 표면을 건조시키고 구멍을 내어 튀긴다. 2) 튀김온도=180~190℃

18 찹쌀 도넛 Glutinous Rice Doughnut

(1) 배합표

재료	%	g
찹쌀가루	100	1000
중력분	15	150
설탕	25	250
소금	1	10
소다	1	10
베이킹파우더	2	20
물	30	300
계	174	1740

2) 제조공정 (스트레이트법)

믹싱	가루재료는 체를 쳐서 믹서 볼에 넣고 나머지 모든 재료를 투입하여 믹싱 1) 재료가 균일하게 혼합될 때까지 믹싱 2) 반죽온도=27℃	
분할	1) 50g씩 분할 2) 둥글리기	
정형	1) 분할 후 둥글리기를 한다. 2) 기호에 따라 팥앙금을 넣어 정형할 수도 있다.	
튀기기	1) 튀김기에 반죽을 넣고 반죽이 기름 위로 올라오면 건지는 망을 사용하여 원형으로 돌려주면서 튀긴다. 2) 튀김온도=180~190℃ 3) 냉각 후 설탕이나 계피설탕을 묻힌다.	

19 데니시 도넛 Danish Doughnut

데니시 페이스트리의 반죽을 그대로 도넛에 응용하여 판매하면 기름의 흡수가 너무 많아 품질에 영향을 미친다. 도넛 전용 저배합의 반죽을 선택하는 것이 좋다.

(1) 데니시 도넛의 제조 공정

① 반죽

스트레이트법으로 만드는 것이 일반적이며 일반 대니시 페이스트리 반죽에 비교해서 데니시 도넛용의 반죽은 매우 저배합이기 때문에 반죽을 너무 오래하면 좋은 제품이 되기 어렵다. 이것은 씹는 맛이 나쁘고 튀김기름 온도가 높은 경우에 볼 수 있는 단점과 같은 모양, 즉, 부피가 작은 도넛이 된다. 반대로 반죽시간이 부족하면 흡유량이 많아진다. 데니시 도넛은 일반 도넛 반죽보다 저배합이지만 롤-인 유지를 사용하기 때문에 기름 흡수가 많은 것에 유의 할 필요가 있다.

② 플로어 타임

글루텐을 적절하게 발전시켜 신장성이 좋은 반죽이 되면 비닐로 반죽을 덮어 표면이 건조되는 것을 막고 30~40분 정도 플로어 타임을 주고 매끈하고 균일한 글루텐 구조를 갖는 반죽을 만든다. 반죽이 어느 정도 굳어지면 일정하게 밀어 펴고, 롤-인 유지를 넣고 접기와 밀어펴기 성형 작업에 들어간다. 성형한 반죽을 30~40분 정도 휴지를 시키지 않으면 균열이 생기는 제품을 만들게 된다.

③ 롤-인(Roll-in) 유지

데니시 도넛의 경우 롤-인 유지는 밀가루에 대하여 15% 정도가 가장 적합하다.

롤-인 유지를 많이 사용하면 흡유량이 많은 제품이 된다. 롤-인 유지를 넣고 밀어펴서 3겹으로 접는 것을 1회 시행하고 -10℃의 냉동고에 넣어서 30분 정도 휴지를 시킨 후 다시 3겹 접기 1회를 행한다. 때로는 연속해서 3겹 접기 2회를 행한다.

④ 정형

밀어펴기가 끝난 후 20~30분 정도 휴지를 준 다음 정형에 들어간다. 제품 한 개의 반죽 중량은 35~45g이 적합하다.

⑤ 튀김

튀김 온도가 너무 낮으면 흡유량이 많은 도넛이 되고 또한 내상도 거칠다. 튀김 온도가 너무 높으면 색이 진하게 되며 속이 익지 않는 경우도 생긴다.

(2) 데니시 도넛의 제조 공정

1) 배합표

① 배합표재료	%	g
강력분	70	700
박력분	30	300
설탕	10	100
소금	1.5	15
쇼트닝	10	100
탈지분유	3	30
달걀	10	100
이스트	5	50
물	45	450
롤-인유지	15	277
계	199.5	2122

2) 제조공정

믹싱	롤-인유지를 제외한 모든 재료를 넣고 믹싱 1) 저속=2분, 중속=8분　2) 반죽온도=22℃	
플로어타임	반죽의 표피가 매끄럽게 되도록 만들어 비닐로 반죽을 덮어 휴지 시킨다. 1) 시간=50~60분	
정형	1) 3겹 접기 1회=-10℃의 냉동고에서 30분 휴지 2) 다시 한번 3겹 접기 후 20분간 휴지 1) 밀어펴기를 하고 35~45g으로 분할을 하여 　각종 모양으로 성형한다.	
2차발효	1) 온도=30℃　2) 습도=75~80%　3) 시간=25~30분	
튀기기	1) 튀김온도=180~190℃ 2) 앞뒤로 뒤집어 주면서 균일한 색상이 나도록 튀겨준다.	

(3) 아몬드 데니시 도넛

재료	%	g
강력분	80	800
박력분	20	200
설탕	18	180
소금	1.5	15
달걀	12	120
탈지분유	3	30
이스트	5	50
아몬드분말	15	150
물	45~50	450~500
쇼트닝	7	70
롤-인유지	15	311

(4) 건포도 데니시 도넛

재료	%	g
강력분	80	800
박력분	20	200
설탕	10	100
소금	1.5	15
달걀	10	100
탈지분유	4	40
이스트	5	50
건포도	15	150
쇼트닝	7	70
물	45~50	450~500
롤-인유지	15	300

(5) 데니시 토핑에 따른 도넛

① 코코넛 버터 도넛

재료	%	g
코코넛	100	500
버터	20	100
설탕	적량	

1) 코코넛은 색이 나지 않게 살짝 구워 버터와 함께
   프라이팬에 볶고 설탕을 묻힌다.
2) 데니시 도넛 반죽을 정형하여 코코넛버터 토핑을
   뿌린다.

② 시나몬 트위스트 도넛

기본 데니시 도넛 반죽을 트위스트형으로 정형하고 튀긴 후, 계피설탕을 제품 표면에 묻힌다.

③ 사과 도넛

재료	%	g
사과	100	500
설탕	35	175
계피가루	1.5	15
레몬 껍질	약간	

1) 사과를 얇게 잘라 설탕, 레몬 껍질과 함께 불에서 졸이고,
   냉각 후 계피가루를 섞어 사용한다.
2) 사과의 수분이 방출되지 않게 물을 계량하지 않으니
   설탕이 밑에서 타지 않고, 사과가 부스러지지 않게
   주의한다.

기본 데니시 도넛 반죽을 10cm의 정사각형으로 자른 다음 사과를 올려놓고 삼각형으로 접는다. 접는 부분에 튀김 기름이 들어가지 않도록 완전히 봉한다. 튀긴 후 설탕을 뿌린다.

(6) 도넛 제품의 결함 점검표

항목	제품의 상태	팽창부족	팽창과잉	내부가 거칠다	모양이 일정치않다	울퉁불퉁하다	흡수량 이많다	뻣뻣해진다	표면이 꺼칠하다	바깥원이 너무 크다	표면이 터진다	외피가 벗겨진다	점성이 강하다
흡유	많다	◎			○			○	◎		◎	○	○
	적다		◎		○	◎	◎	◎		○			
혼합	짧다	○			○		◎	○	◎		○	◎	
	길가	○	◎		◎	○				○			◎
반죽온도	낮다	◎			○		○	○	◎	○	◎		
	높다		◎		○		○		○		○		◎
플로어타임	짧다	○							○		◎	○	
	길다		○			○							◎
팽창제	많다		○	○				○			◎		
	적다	○				○							
설탕	많다			◎				◎	○				
	적다												
소맥분의 글루텐	많다	○											○
	적다		○	○				○	○				
유지	산화.					◎	◎			○	○		
	질이 나쁘다					○	○				○		
튀김기름 온도	낮다			◎			◎	◎	○	◎	◎	○	
	높다	◎			◎	◎					○	◎	○
정형기	손상 되어 있다.	○			○				○		◎		
반죽중량	많다							○			○		
	적다					◎	○						
튀김시간	짧다	○						○	○			○	
	길다		○				◎				◎		
뒤집기	빠르다										○	○	
	느리다									◎			

20 찐빵 Steamed Bread

(1) 배합표

재료		%	g
빵반죽	강력분	50	500
	중력분	50	500
	쇼트닝	6.5	65
	설탕	13	130
	소금	1	10
	탈지분유	6.5	65
	이스트	2.6	26
	제빵개량제	0.8	8
	베이킹파우더	1.4	14
	물	58	580
	계	189.8	1898
충전물	팥앙금	90	900

(2) 제조공정 (스트레이트법)

믹싱	유지를 제외한 모든 재료를 넣고 믹싱, 클린업 단계에서 유지 투입
	1) 최종단계까지 믹싱 2) 반죽온도=27℃
1차발효	반죽의 표피가 매끄럽게 되도록 만들어
	1) 온도=27℃ 2) 습도=75~80%
분할	1) 60g씩 분할 2) 둥글리기
중간발효	반죽 표면이 마르지 않도록 비닐을 덮어 실온에서 15~20분
정형	1) 손으로 눌러 반죽에 가스를 빼주면서 앙금 30g을 반죽의 중앙에 포앙한다. 2) 일정한 간격을 맞춰 이음매가 밑으로 오도록 팬닝
2차발효	1) 온도=35℃ 2) 습도=75~85% 3) 시간=30~40분
찌기	2차발효가 끝나면 찜 솥을 이용하여 약 10~15분간 찐다.

21 평면 빵공예 액자

(1) 배합표

	재료	%	g
빵반죽	호밀가루	40	400
	중력분	60	600
	설탕	6	60
	소금	3	30
	쇼트닝	10	100
	물	40	400
	계	159	1590
부수 재료	노른자	–	30
	캐러멜색소	–	5

(2) 제조공정 (스트레이트법)

공정	과정
1)기본 반죽	1) 모든 재료를 믹서 볼에 넣고 저속으로 약 6분간 믹싱한다.
	2) 설탕과 소금은 물에 녹여서 사용한다.(짧은 믹싱)
2)휴지	1) 비닐이나 랩으로 덮고 밀어펴기가 용이한 상태로 휴지시킨다.
	2) 냉장고나 서늘한 곳에서 10~30분 이상
3)액자 원판 만들기	1) 적당량의 반죽을 밀어 펴서 35cm×25cm×0.5cm의 직사각형을 만든다.
	2) 장식용으로 만들 반죽은 별도로 떼어 준비한다.
4)테두리 만들기	1) 모양은 각자의 아이디어로 자유롭게 연출한다.
	2) 액자 테두리 모양, 반타원형, 곡선 무늬 등을 선택한다.
5)포도송이 등 만들기	1) 포도송이, 넝쿨, 잎을 만든다.
	2) 위쪽 양 모서리에 맞는 크기와 배열을 디자인하여 만들고 알맞은 채색을 하여 적정한 위치에 붙인다.
	3) 물칠, 달걀물칠, 시럽칠 등 적당한 방법으로 붙인다.
6)장미꽃 등 만들기	1) 장미꽃, 줄기, 잎을 만든다.
	2) 아래 양 모서리에 맞는 크기와 배열을 디자인하여 만들고 알맞은 채색을 하여 적정한 위치에 붙인다.
7)글씨 만들기	1) 〈빵공예〉 등 필요한 글씨를 알맞은 크기로 만든다.
	2) 적당한 위치에 자리를 잡아 붙인다.
	3) 전체 분위기에 어울리는 글씨체와 채색을 선택한다.
8)굽기	1) 낮은 온도에서 장시간 굽는다. 시간제한이 있는 경우에는 최선의 온도를 선택한다.
	2) 150/100℃에서 1시간 이상 굽는 것을 표준으로 한다.

여러 가지 빵의 모양

1. 롱 펌퍼니클(long pumpernickel)
2. 이탈리아 빵(Italian Bread)
3. 미국 호밀빵(American Rye Bread)
4. 풀만 빵(Pullman loaf)
5. 둥근 계피빵(Round Cinnamon loaf)
6. 브레이드 빵(Braided loaf)
7. 프렌치 빵(French loaf)

8. 주이시(Jewish)
9. 6가닥 꼰 빵(Six strand Braided loaf)
10. 비엔나 빵(Vienna loaf)
11. 둥근 펌퍼니클 (Round pumpernickel)
12. 화이트 마운틴 빵(White mountain Bread)
13. 식빵(White pan Bread)

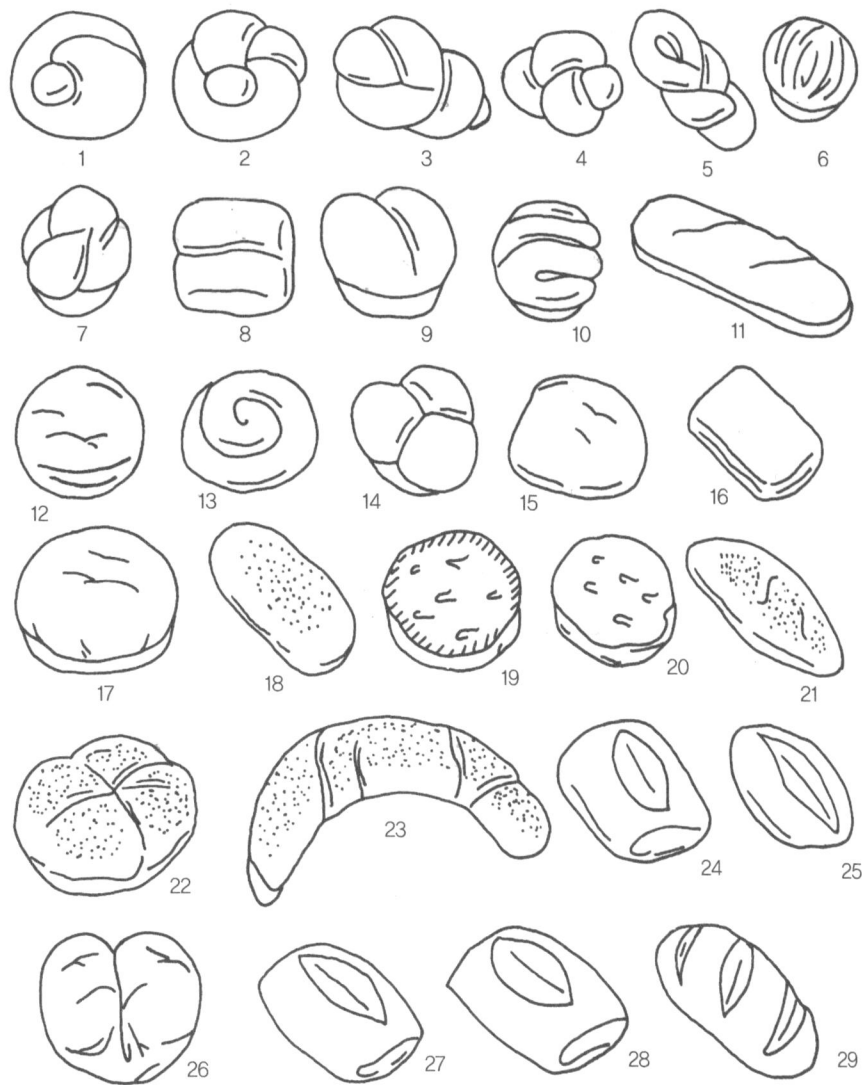

1. 싱글 놋(Single Knot)
2. 더블 놋(Double Knot)
3. 피규어 에잇(Figure eight)
4. 스퀘어 놋(Square Knot)
5. 브레이드 롤(Braided roll)
6. 스파이럴 버터롤(Spiral butter roll)
7. 버터 트위스트(butter twist)
8. 파커 하우스 롤(parker house roll)
9. 트윈 롤(Twin roll)
10. 버터롤(butter roll)
11. 프랑크 푸르트 롤(Frankfurter roll)
12. 전밀 롤(Whole wheat roll)
13. 스퀴럴 롤(Sqiral roll)
14. 크로버 잎 롤(Clover leaf roll)

15. 팬 롤(pan roll)
16. 스노우 플레이크 롤(snow flake roll)
17. 햄버거 번(hamburger Bun)
18. 양귀비씨 롤(Poppyseed roll)
19. 메릴랜드 롤(Maryland roll with flour top)
20. 비엔나 롤(Vienna roll with flour top)
21. 비엔나 브리지 롤(Vienna bridge roll)
22. 카이저 롤(Kaiser roll)
23. 초승달 롤(Crescent roll)
24. 프렌치 롤(French roll)
25. 라이 롤(Rye roll)
26. 워터 롤(Water roll)
27. 스몰 프렌치 롤(Small French roll)
29. 라이 롤(Rye roll)

(1) 2가닥 땋기

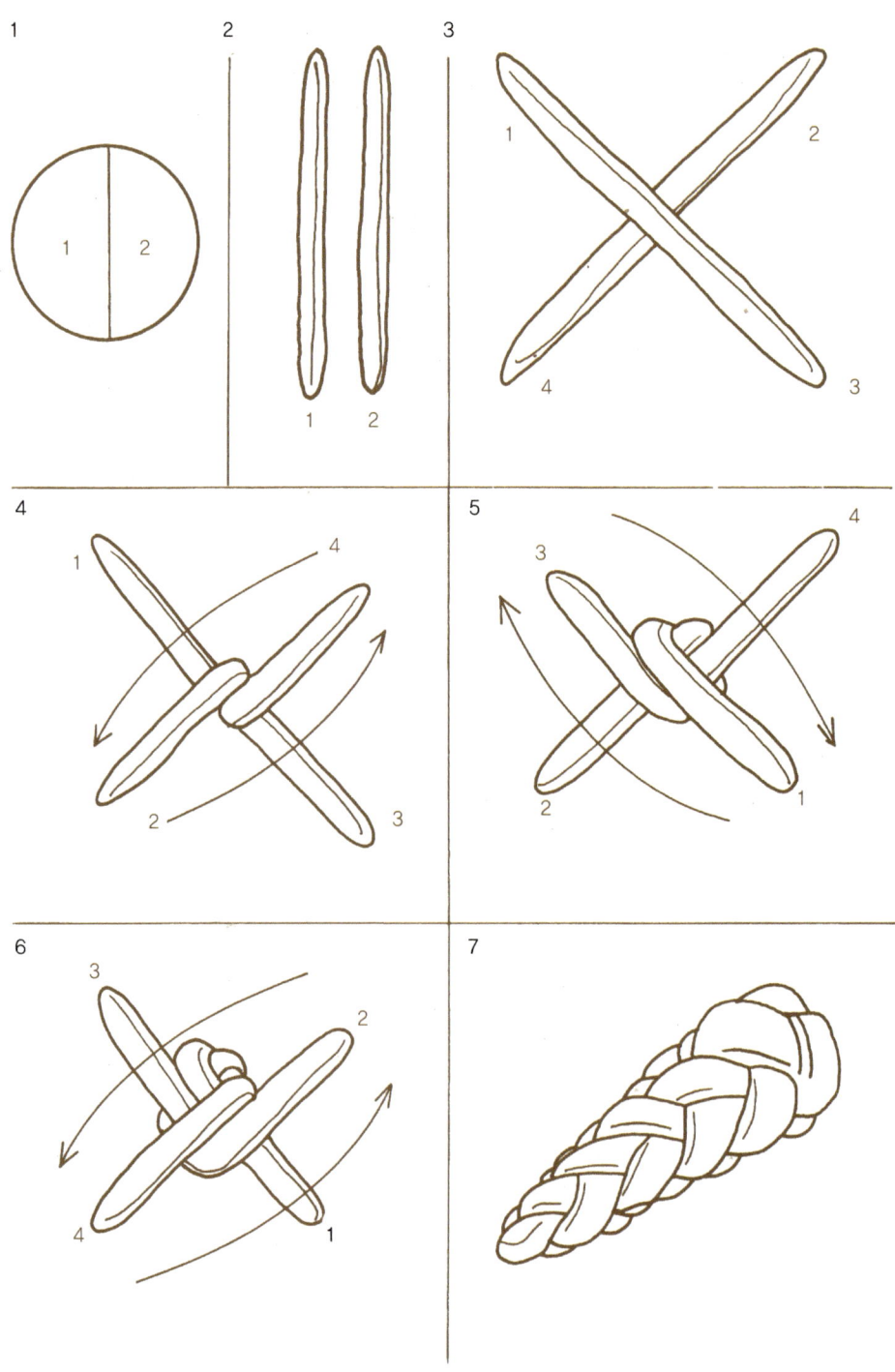

(3) 3가닥 땋기

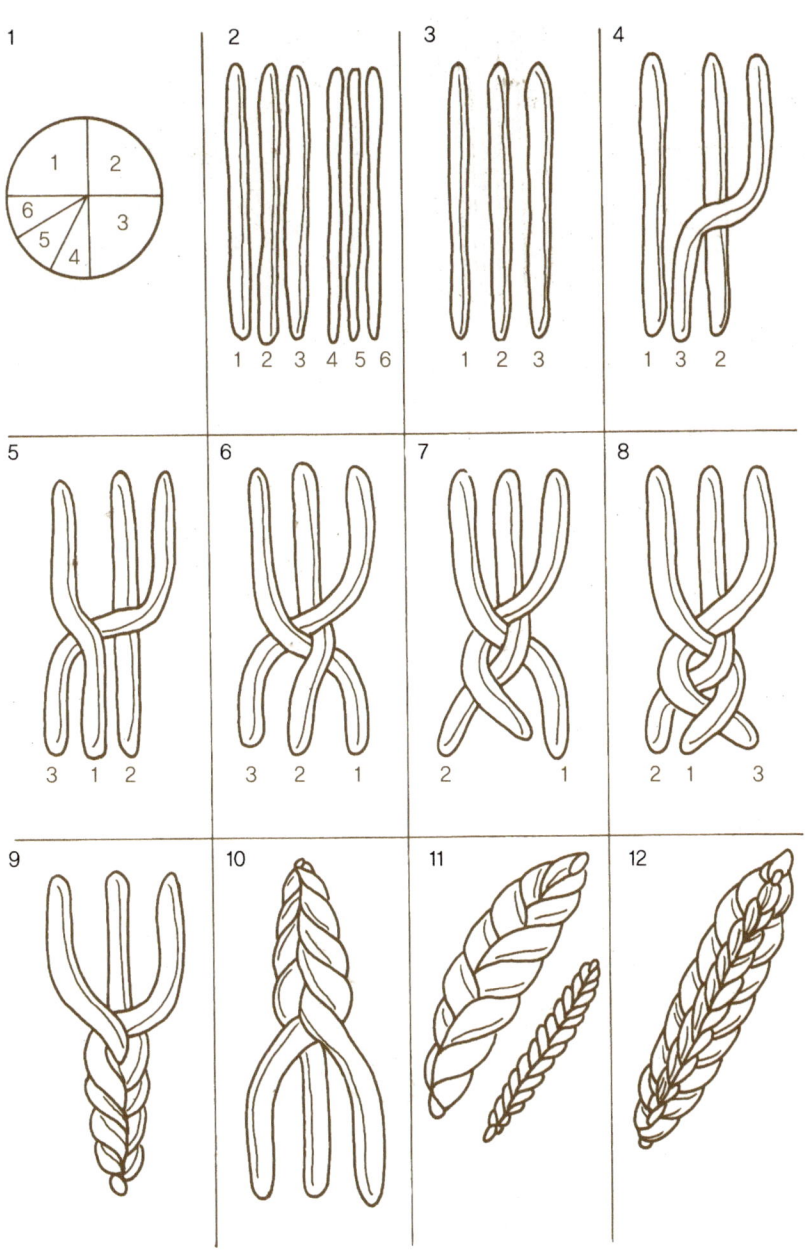

(4) 4가닥 땋기

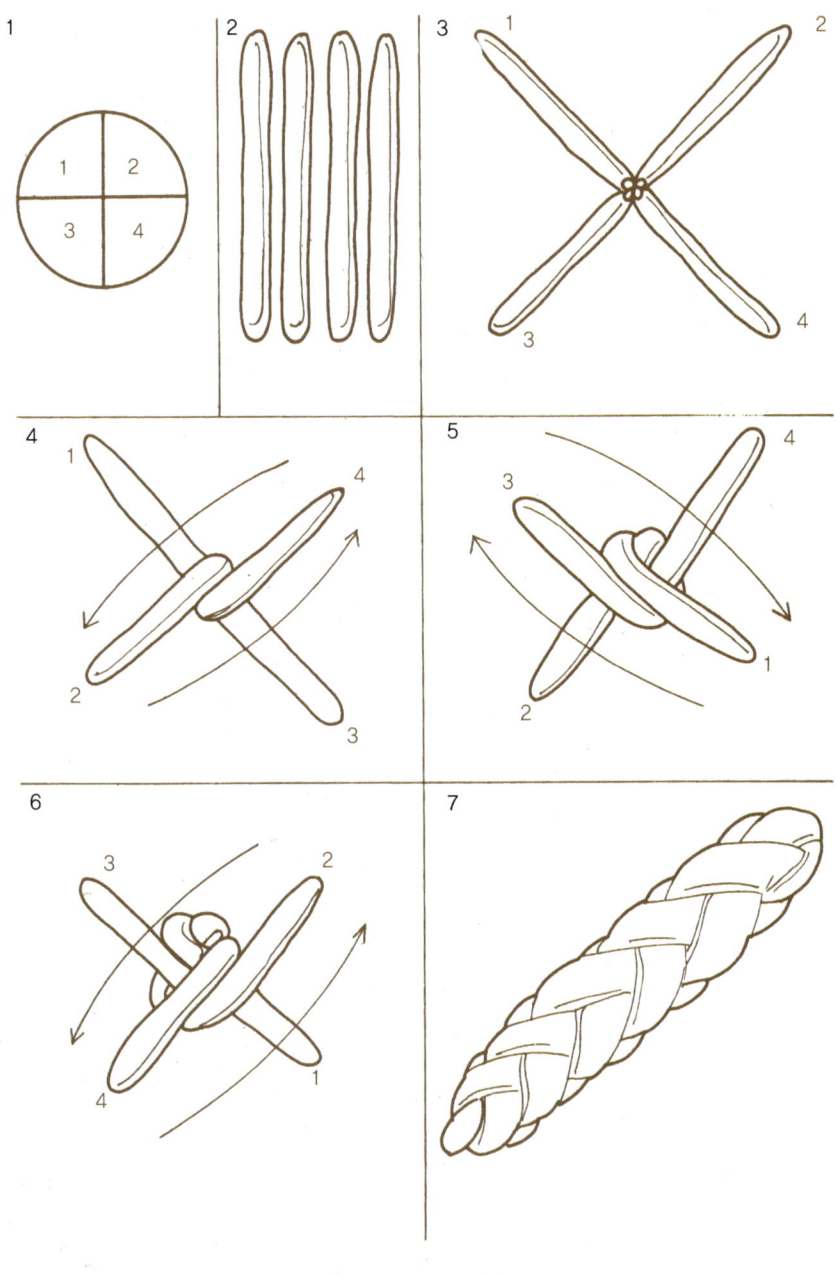

(5) 5가닥 땋기

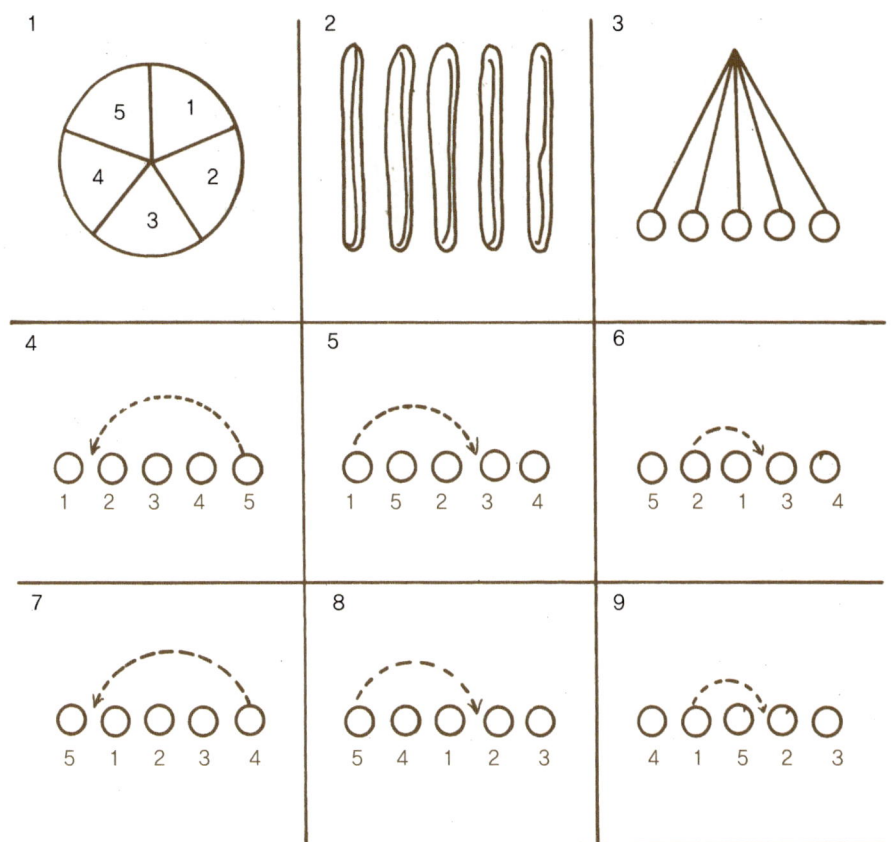

(6) 6가닥 땋기

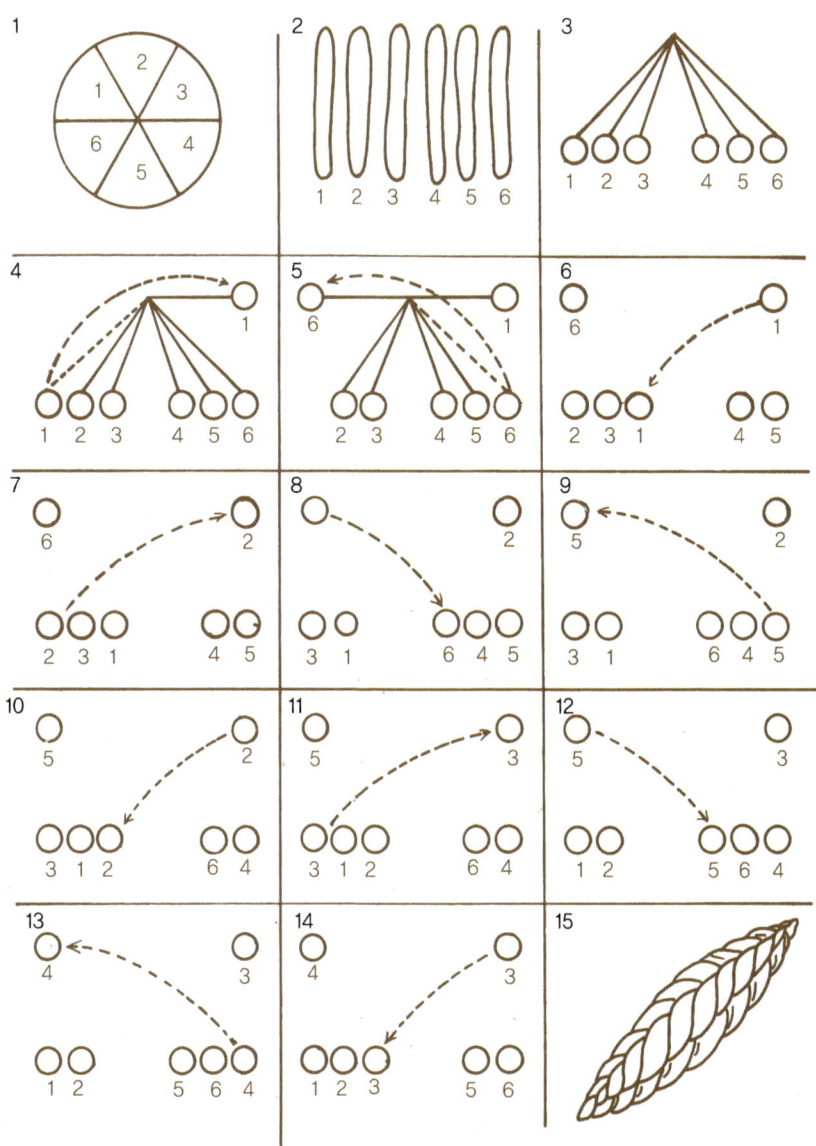

※ 참고 문헌

제빵실기 (1988년)	정성덕	한국산업인력공단
제빵실기 CD (1999년)	홍행홍	한국산업인력공단
제빵실기 (2010년)	한국제과학교	제일문화사
빵과자 백과사전 (2000년)	파티시에	비앤씨월드
제과제빵재료학 (2000년)	조남지 외	비앤씨월드
제빵일반 CD (2008년)	조남지	한국산업인력공단
그림으로 배우는 제과제빵 (2003년)	홍행홍 외	광문각
웰빙빵만들기 (2005년)	최근표 외	백산출판사
제빵실기 (2009년)		한국산업인력공단

표준 제빵실기

집필위원	김영선, 윤성준, 염동민, 고진선
감수위원 (ㄱ, ㄴ 순)	고원방, 김창남, 신숭녕, 이광석, 이명호, 이웅규, 이재진, 이정훈, 정순경, 조남지, 홍행홍, 황윤경
제품실연	오세욱, 김철용
발행인	장상원
수정판 4쇄	2024년 3월 15일
발행처	(주)비앤씨월드 출판등록 1994. 1. 21. 제16-818호 주소 서울특별시 강남구 선릉로 132길 3-6 서원빌딩 3층 전화 (02)547-5233 팩스 (02)549-5235

http://www.bncworld.co.kr